Bibliothek des Radio-Amateurs 21. Band
Herausgegeben von **Dr. Eugen Nesper**

Funktechnische Aufgaben und Zahlenbeispiele

Von

Dr.-Ing. **Karl Mühlbrett**

Mit 46 Textabbildungen

Berlin
Verlag von Julius Springer
1925

ISBN-13:978-3-642-88910-3   e-ISBN-13:978-3-642-90765-4
DOI: 10.1007/978-3-642-90765-4

Alle Rechte, insbesondere das der Übersetzung
in fremde Sprachen, vorbehalten.

Zur Einführung
der Bibliothek des Radioamateurs.

Schon vor der Radioamateurbewegung hat es technische und sportliche Bestrebungen gegeben, die schnell in breite Volksschichten eindrangen; sie alle übertrifft heute bereits an Umfang und an Intensität die Beschäftigung mit der Radiotelephonie.

Die Gründe hierfür sind mannigfaltig. Andere technische Betätigungen erfordern nicht unerhebliche Voraussetzungen. Wer z. B. eine kleine Dampfmaschine selbst bauen will — was vor zwanzig Jahren eine Lieblingsbeschäftigung technisch begabter Schüler war — benötigt einerseits viele Werkzeuge und Einrichtungen, muß andererseits aber auch ein guter Mechaniker sein, um eine brauchbare Maschine zu erhalten. Auch der Bau von Funkeninduktoren oder Elektrisiermaschinen, gleichfalls eine Lieblingsbetätigung in früheren Jahrzehnten, erfordert manche Fabrikationseinrichtung und entsprechende Geschicklichkeit.

Die meisten dieser Schwierigkeiten entfallen bei der Beschäftigung mit einfachen Versuchen der Radiotelephonie. Schon mit manchem in jedem Haushalt vorhandenen Altgegenstand lassen sich ohne besondere Geschicklichkeit Empfangsresultate erzielen. Der Bau eines Kristalldetektorempfängers ist weder schwierig noch teuer, und bereits mit ihm erreicht man ein Ergebnis, das auf jeden Laien, der seine ersten radiotelephonischen Versuche unternimmt, gleichmäßig überwältigend wirkt: Fast frei von irdischen Entfernungen, ist er in der Lage, aus dem Raum heraus Energie in Form von Signalen, von Musik, Gesang usw. aufzunehmen.

Kaum einer, der so mit einfachen Hilfsmitteln angefangen hat, wird von der Beschäftigung mit der Radiotelephonie loskommen. Er wird versuchen, seine Kenntnisse und seine Apparatur zu verbessern, er wird immer bessere und hochwertigere Schaltungen ausprobieren, um immer vollkommener die aus dem Raum kommenden Wellen aufzunehmen und damit den Raum zu beherrschen.

Diese neuen Freunde der Technik, die „Radioamateure", haben in den meisten großzügig organisierten Ländern die Unterstützung weitvorausschauender Politiker und Staatsmänner gefunden unter dem Eindruck des universellen Gedankens, den das Wort „Radio" in allen Ländern auslöst. In anderen Ländern hat man den Radioamateur geduldet, in ganz wenigen ist er zunächst als staatsgefährlich bekämpft worden. Aber auch in diesen Ländern ist bereits abzusehen, daß er in seinen Arbeiten künftighin nicht beschränkt werden darf.

Wenn man auf der einen Seite dem Radioamateur das Recht seiner Existenz erteilt, so muß naturgemäß andererseits von ihm verlangt werden, daß er die staatliche Ordnung nicht gefährdet.

Der Radio-Amateur muß technisch und physikalisch die Materie beherrschen, muß also weitgehendst in das Verständnis von Theorie und Praxis eindringen.

Hier setzt nun neben der schon bestehenden und täglich neu aufschießenden, in ihrem Wert recht verschiedenen Buch- und Broschürenliteratur die „Bibliothek des Radioamateurs" ein. In knappen, zwanglosen und billigen Bändchen wird sie allmählich alle Spezialgebiete, die den Radioamateur angehen, von hervorragenden Fachleuten behandeln lassen. Die Koppelung der Bändchen untereinander ist extrem lose: jedes kann ohne die anderen bezogen werden, und jedes ist ohne die anderen verständlich.

Die Vorteile dieses Verfahrens liegen nach diesen Ausführungen klar zutage: Billigkeit und die Möglichkeit, die Bibliothek jederzeit auf dem Stande der Erkenntnis und Technik zu erhalten. In universeller gehaltenen Bändchen werden eingehend die theoretischen Fragen geklärt.

Kaum je zuvor haben Interessenten einen solchen Anteil an literarischen Dingen genommen, wie bei der Radioamateurbewegung. Alles, was über das Radioamateurwesen veröffentlicht wird, erfährt eine scharfe Kritik. Diese kann uns nur erwünscht sein, da wir lediglich das Bestreben haben, die Kenntnis der Radiodinge breiten Volksschichten zu vermitteln. Wir bitten daher um strenge Durchsicht und Mitteilung aller Fehler und Wünsche.

Dr. Eugen Nesper.

Vorwort.

Schon während meiner Schulzeit ist es mir aufgefallen, daß der Physikunterricht sich fast ganz auf den theoretischen Vortrag beschränkte und das praktische Zahlenrechnen stark vernachlässigte. Erst recht gilt aber von der Technik, daß ein tieferes Eindringen in die praktischen Anwendungen nur an Hand von zahlenmäßig durchgerechneten Aufgaben möglich ist. So habe ich im Laufe der Jahre für meinen Unterricht eine Reihe von Aufgaben gesammelt und im Wintersemester 1924/25 am Technischen Vorlesungswesen in Hamburg eine Vorlesung darüber gehalten. Das Endergebnis lege ich hiermit den ernsthaft weiter strebenden Funkfreunden vor mit der Bitte, mir recht zahlreiche Wünsche hinsichtlich der Ausgestaltung der nächsten Auflage zukommen zu lassen, denn nur die Mitarbeit aller kann das Werk auf die höchste Stufe der Vollendung führen, zum Wohl unserer gemeinsamen Liebhaberei, der Funktechnik.

Für den Gebrauch noch einige Bemerkungen! Die mathematischen Anforderungen beschränken sich auf die einfachsten Rechenvorgänge im Buchstabenrechnen: addieren, subtrahieren, multiplizieren, dividieren, potenzieren und logarithmieren. Der so weit vorgebildete Leser weiß dann, daß lg bzw. log Logarithmus bedeutet, während ihm das Zeichen ln oder log nat (natürlicher Logarithmus) vielleicht fremd ist. Trotzdem kann er leicht damit rechnen, wenn er beachtet, daß

$$\log \text{nat}\, x = 2{,}303 \cdot \log x.$$

Ferner kommen gelegentlich Differentiale vor, wie z. B. dx. Hier ist das d kein Faktor, sondern es soll nur andeuten, daß x sehr klein ist. Im übrigen rechnet man mit dx genau so wie mit x.

Hamburg, im Juli 1925.

Dr. Karl Mühlbrett.

Inhaltsverzeichnis.

Seite
I. **Erklärungen und Formeln** 1
  A. Der Leitungsstrom 1
     Elektrizität, Elektrizitätsmenge, Ladung, Emk, Stromstärke, Gleich- und Wechselstrom, Leiter und Nichtleiter, Widerstand, Ausbreitungswiderstand von Erdplatten, Spannung, Leistung, Arbeit, Wirkungsgrad, Stromwärme, Abkühlung, Stromverzweigungen, Schaltungen, Kopplung.
  B. Das magnetische Feld 7
     Magnetische Kraft, Feldstärke, Feldlinie, Magnetfeld der Erde, Magnetfeld eines Stromes, Eisen im Magnetfeld, Kraft zwischen Feld und Strom, Zugkraft nach Maxwell, Induktion, Berechnung von L, Kopplung, Energie des magnetischen Feldes, Schaltungen.
  C. Das elektrische Feld 12
     Elektrische Kraft, Feldstärke, Feldlinien, elektrische Festigkeit, elektrisches Feld der Erde, Kondensator, Zugkraft zwischen Kondensatorplatten, Energie des elektrischen Feldes, Influenz, Schaltungen, elektrische Kopplung.
  D. Der Wechselstrom 15
     Darstellung, Bezeichnungen, Wechselstrommaschinen, Transformator, Messung von Wechselstrom und -spannung, Leistung, Widerstände bei Wechselstrom, Hautwirkung.
  E. Der Schwingungskreis 20
     Eigenschwingungen, ungedämpfte Schwingungen, gedämpfte Schwingungen, erzwungene Schwingungen, Resonanz, Resonanzkurve, Dämpfungsmessung, Abstimmschärfe, gekoppelte Schwingungskreise.
  F. Die Antenne und der Rahmen 28
     Eigenschwingungen gestreckter Leiter, Verlängern und Verkürzen, Antennenformen, Strahlung der Antenne, Feld einer Antenne, Stärke des Empfanges, Rahmen als Sender, Rahmen als Empfänger, Eigenwelle des Rahmens.
  G. Der Detektor und die Röhre 32
     Detektor, Schaltung des Detektors, Röhre als Verstärker, Steilheit, Durchgriff, Verstärkung, innerer Widerstand, Güte, Verstärkungsgrad, Heizmaß, Gitterstrom, Audion, Schwingungserzeugung.

Inhaltsverzeichnis.   VII

Seite
II. Aufgaben 38
  A. Der Leitungsstrom, Aufgabe 1—14 38
  B. Das magnetische Feld, Aufgabe 15—23 41
  C. Das elektrische Feld, Aufgabe 24—28 43
  D. Der Wechselstrom, Aufgabe 29—34 44
  E. Der Schwingungskreis, Aufgabe 35—41 45
  F. Die Antenne und der Rahmen, Aufgabe 42—53 47
  G. Der Detektor und die Röhre, Aufgabe 54—64 48
III. Lösungen 52
  A. Der Leitungsstrom, Lösung 1—14 52
  B. Das magnetische Feld, Lösung 15—23 60
  C. Das elektrische Feld, Lösung 24—28 66
  D. Der Wechselstrom, Lösung 29—34 68
  E. Der Schwingungskreis, Lösung 35—41 70
  F. Die Antenne und der Rahmen, Lösung 42—53 78
  G. Der Detektor und die Röhre, Lösung 54—64 83
IV. Tabellen 90
  Spezifischer Widerstand, Temperaturkoeffizient, spezif. Gewicht, Dielektrizitätskonstante, Durchschlagsspannung.

I. Erklärungen und Formeln.

A. Der Leitungsstrom.

1. Elektrizität. Früher unterschied man **positive** und **negative** Elektrizität. Heute steht man auf dem Standpunkt, daß es nur **negative** Elektrizität gibt, die man sich als feinen, gewichtlosen Stoff vorstellt, und deren kleinste Teilchen die **Elektronen** sind. Diese sind notwendige Bestandteile aller wägbaren Stoffe; sie können aber auch allein auftreten. **Positiv** elektrisch nennt man einen Körper, der einen Mangel an Elektronen besitzt.

2. Elektrizitätsmenge, Ladung. Eine größere Anzahl von Elektronen bezeichnet man als Elektrizitätsmenge oder Ladung Q. Ihre Einheit ist die Amperesekunde (As).

$$1 \text{ As} = 6{,}4 \cdot 10^{18} \text{ Elektronen.}$$

3. Emk. Um Elektronen in Bewegung zu setzen, ist wie bei allen Bewegungen eine Kraft nötig, die man **elektromotorische Kraft** (Emk E, e) nennt. Ihre Einheit ist das Volt (V).

Merke: Ein Klingelelement hat etwa 1,4 V; ein Bleiakkumulator 2 V; die Lichtleitung 110 oder 220 V.

4. Stromstärke. Wenn sich die Elektronen unter dem Einfluß der Emk bewegen, dann spricht man von einem elektrischen **Strom**. Seine Stärke I erhält man, wenn man die in 1 Sekunde (1 s) am Beobachter vorbeifließenden Elektronen zählt. Findet man in t Sekunden eine Zahl von Q Elektronen, so ist

$$I = \frac{Q}{t}.$$

Die Einheit ist das Ampere (A).

5. Gleich- und Wechselstrom. Die Emk und die Stromstärke können unveränderlich sein (Gleichstrom), dann schreibt man große Buchstaben (E, I); oder sie ändern sich im Lauf der Zeit t, dann erhalten sie kleine Buchstaben (e, i). Besonders wichtig ist der Fall, daß beide regelmäßig zwischen einem positiven und einem gleich großen negativen Höchstwert schwanken, wobei der Strom bald vorwärts, bald rückwärts fließt. Er wechselt dabei fortwährend seine Richtung und Größe und heißt daher **Wechselstrom**. Man stellt ihn durch eine Wellenlinie dar (Abb. 1), während man Gleichstrom durch eine Gerade wiedergibt.

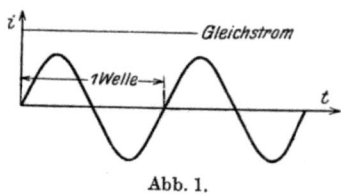

Abb. 1.

Merke: Technischer Wechselstrom durchläuft 50 Perioden oder Wellen in 1 s.

6. Leiter und Nichtleiter. Man teilt die Stoffe ein in **Leiter** des Stromes, in denen die Elektronen sich frei bewegen können, und in **Nichtleiter** (Isolatoren), in denen sie an den Atomen, d. h. an den kleinsten Stoffteilchen, festhängen. Bei den Leitern unterscheidet man solche 1. Klasse, die vom Strom nicht verändert werden, z. B. Metalle, und solche 2. Klasse, die der Strom zersetzt, z. B. Lösungen.

7. Widerstand. So wie jede Bewegung Hindernisse findet, z. B. Reibung, so muß auch die Emk, wenn sie einen Strom aufrecht erhalten will, einen **Widerstand** R überwinden. Als Widerstand erhält man

$$R = \frac{E}{I} \qquad \text{(Ohmsches Gesetz)}.$$

Einheit des Widerstandes ist das Ohm (Ω).

Merke: Ein Quecksilberfaden von 106,3 cm Länge und 1 mm² Querschnitt hat bei 0° den Widerstand 1 Ω.

Den Widerstand eines Leiters von l **Metern Länge** und q **Quadratmillimetern Querschnitt** findet man aus

$$R = \varrho \cdot \frac{l}{q}.$$

Der **spezifische Widerstand** ϱ ist eine Eigenschaft des Stoffes, vgl. Tafel 1 auf Seite 90.

Der Leitungsstrom.

Ändert sich die Temperatur ϑ des Leiters um $\varDelta\vartheta$, so ändert sich der Widerstand R um $\varDelta R$, und es gilt

$$\frac{\varDelta R}{\varDelta\vartheta}=\alpha\cdot R.$$

Auch der **Temperaturkoeffizient** α ist eine Eigenschaft des Leiterstoffes (Tafel 1). Bei Metallen ist α positiv, bei Kohle und Leitern 2. Klasse negativ.

Einheit der Temperatur ist der Celsiusgrad.

8. Ausbreitungswiderstand von Erdplatten. Der Übergangswiderstand von einer Erdelektrode (Platte oder Netz) zur Erde läßt sich nach folgenden Formeln berechnen:

a) Kreisplatte:

$$R=\frac{\varrho}{4\,d} \text{ in } \Omega;$$

$d=$ Durchmesser in cm. Quadrate muß man zunächst auf inhaltsgleiche Kreise umrechnen.

b) Walze (Zylinder):

$$R=\frac{\varrho}{\pi\cdot d}\cdot\frac{\ln 2\,n}{2\,n};$$

$d=$ Durchmesser in cm; $n\cdot d=$ Länge in cm.

Nasser Erdboden, Grundwasser: $\varrho=10^4\,\Omega\cdot\text{cm}$.
Trockener Erdboden: $\varrho=10^6\,\Omega\cdot\text{cm}$.
Seewasser: $\varrho=10^2\,\Omega\cdot\text{cm}$.

9. Spannung. Schreibt man das Ohmsche Gesetz in der Form:

$$E=I\cdot R,$$

so kann man es auch so auslegen: Treibende Kraft E gleich widerstehender Kraft $I\cdot R$. Das Produkt $I\cdot R$ nennt man **Spannung** und bezeichnet es mit U. Einheit ist das Volt.

10. Leistung. Herrscht an den Klemmen eines Widerstandes R eine Spannung U, während ihn der Strom I durchfließt, so nimmt R eine Leistung auf:

$$N=U\cdot I.$$

Durch Heranziehen des Ohmschen Gesetzes wird hieraus:

$$N=I^2\cdot R=\frac{U^2}{R}.$$

Einheit der Leistung ist das Watt (W); bei größeren Leistungen rechnet man mit dem Tausendfachen, dem Kilowatt (kW).

1 kW ist rund gleich $4/3$ Pferdestärken (PS) oder gleich 102 kgm/s, d. h. man kann mit 1 kW in 1 Sekunde 102 kg um 1 m heben, wenn dabei keine Verluste auftreten.

Besitzt eine Energiequelle den innern Widerstand R_i, während der angeschlossene Verbraucher den veränderlichen Widerstand R aufweist, dann tritt ein **Höchstwert der Nutzleistung** auf für

$$R_i = R.$$

Dieser Fall soll stets angestrebt werden.

11. Arbeit. Dauert die Leistungsabgabe oder -aufnahme t Sekunden, so bezeichnet man als **Arbeit** A das Produkt:

$$A = N \cdot t = U \cdot I \cdot t = U \cdot Q.$$

Einheit ist die **Wattsekunde** (Ws) oder die **Kilowattstunde** (kWh)

$$1 \text{ kWh} = 3\,600\,000 \text{ Ws}.$$

Für die Bezahlung ist stets A maßgebend, nicht Q. Der Amperestundenzähler bildet nur scheinbar eine Ausnahme, da seine Angaben nachträglich mit der konstanten Spannung multipliziert werden.

12. Wirkungsgrad. Wendet man für die Erreichung eines Zieles die Leistung N_1 oder Arbeit A_1 auf und erzeugt damit eine Nutzleistung N_2 oder Nutzarbeit A_2, dann bezeichnet man als **Wirkungsgrad** das Verhältnis

$$\eta = \frac{N_2}{N_1} = \frac{A_2}{A_1}.$$

Multipliziert man η mit 100, so erhält man den Wirkungsgrad in $^0/_0$. η ist stets kleiner als 1 bzw. 100 $^0/_0$.

13. Stromwärme. Beim Durchfließen des Widerstandes R muß der Strom I eine Art Reibung überwinden, wobei er **Wärme** entwickelt. Nach Joule ist diese Wärmemenge Q_w gleich der aufgewandten Arbeit A

$$Q_w = c \cdot A.$$

Der Faktor c kommt hinzu, weil Q_w in Kalorien (cal) gemessen wird, dagegen A in Wattsekunden (Ws). 1 Kalorie ist die Wärmemenge, die 1 g Wasser um 1° erwärmt.

$$c = 0{,}239 \text{ cal/Ws}.$$

Der Leitungsstrom. 5

Auf die Zeiteinheit 1 s bzw. auf die Leistung bezogen, nimmt die Gleichung die Form an

$$Q'_w = c \cdot N \quad \text{cal/s}.$$

14. Abkühlung. Diese Wärme muß durch die Oberfläche O des Widerstandes nach außen abgeführt werden. Ist der Widerstand um den Betrag ϑ wärmer als seine Umgebung, so gibt er in der Sekunde eine Wärmeleistung ab:

$$N = \beta \cdot O \cdot \vartheta.$$

Setzt man N in Watt und O in Quadratmillimetern ein, so ist erfahrungsgemäß bei Luftkühlung:

$$\beta = \frac{1}{15\,000} \text{ Watt/mm}^2 \cdot \text{Grad}.$$

15. Stromverzweigungen. Das Ohmsche Gesetz ist durch Kirchhoff erweitert worden. Greift man aus einem beliebig verzweigten Stromnetz einen geschlossenen Linienzug heraus, z. B. $abcde$, Abb. 2, so ist die Summe der treibenden Kräfte gleich der Summe der widerstehenden Kräfte:

$\Sigma E = \Sigma I \cdot R$ (Schleifensatz),

wobei man natürlich Kraft- und Stromrichtungen beachten muß.

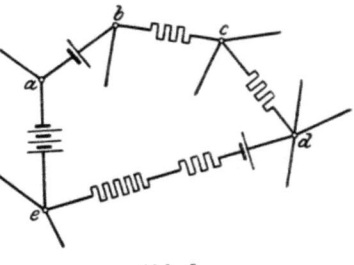

Abb. 2.

Ferner gilt nach Kirchhoff für jeden Verzweigungspunkt, z. B. für d, daß die Summe der zufließenden gleich der Summe der abfließenden Ströme ist, oder

$$\Sigma I = 0 \quad \text{(Knotensatz)}.$$

16. Schaltungen. Schaltet man Stromquellen hintereinander (in Reihe, Serie) nach Abb. 3, dann führen alle denselben Strom I_r, und es addieren sich ihre Emke:

$$E_r = E_1 + E_2 + \cdots = \Sigma E,$$
$$I_r = I_1 = I_2 = \cdots = \cdots.$$

Schaltet man Stromquellen nach Abb. 4 nebeneinander (parallel, shunt), dann müssen alle gleiche Emk haben; ihre

Ströme addieren sich:

$$E_r = E_1 = E_2 = \ldots,$$
$$I_r = I_1 + I_2 + \cdots = \Sigma I.$$

Abb. 3. 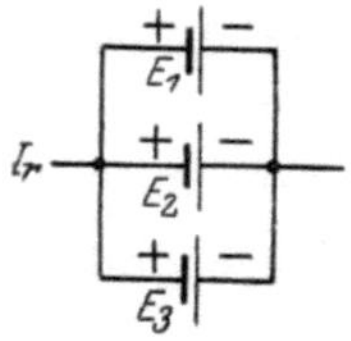   Abb. 4.    Abb. 5.

Mehrere Widerstände nach Abb. 5 in Reihe geschaltet wirken wie ein Widerstand R_r, der gleich der Summe der Einzelwerte ist. Sie werden alle von demselben Strom I_r durchflossen:

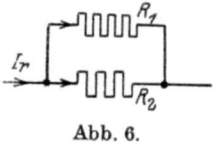

$$R_r = R_1 + R_2 + \cdots = \Sigma R.$$

Mehrere Widerstände nach Abb. 6 nebeneinander geschaltet geben eine Verkleinerung des Gesamtwiderstandes. Ihr wirksamer Wert R_r ergibt sich aus:

Abb. 6.

$$\frac{1}{R_r} = \frac{1}{R_1} + \frac{1}{R_2} + \cdots = \Sigma \frac{1}{R}.$$

Der Strom I_r teilt sich in Zweigströme $I_1, I_2, \ldots$, die im umgekehrten Verhältnis wie die Widerstände stehen:

$$I_1 : I_2 : \cdots = \frac{1}{R_1} : \frac{1}{R_2} : \cdots.$$

17. Kopplung. Verbindet man zwei Stromkreise 1 und 2 (Abb. 7) so miteinander, daß Energie von dem einen zum anderen wandern kann, so nennt man sie gekoppelt. Je nachdem, ob die Energie schnell oder langsam hin und her flutet, spricht man von fester oder loser Kopplung. Ist das Verbindungsglied wie auf Abb. 7 ein Ohmscher Widerstand, so liegt galvanische (konduktive) Kopplung vor.

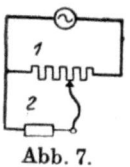

Abb. 7.

B. Das magnetische Feld.

1. Magnetische Kraft. Ein Magnet übt auf andere Magnete und auf unmagnetisches Eisen Kräfte aus, deren Sitz in bestimmten Punkten zu liegen scheint, die man Pole nennt. Der Raum, in dem solche Kräfte sich nachweisen lassen, heißt magnetisches Feld. Bezeichnet man die in den Polen vereinigten magnetischen Mengen, die im Abstand r cm aufeinander wirken, mit m_1 bzw. m_2, so gilt nach Coulomb für die auftretende Kraft:

$$P = \frac{1}{981\,000} \cdot \frac{m_1 \cdot m_2}{r^2} \cdot \frac{1}{\mu} \text{ kg}.$$

Dabei ist μ die Magnetisierbarkeit (Permeabilität) des zwischen den Polen liegenden Stoffes. Für den leeren Raum setzt man $\mu = 1$; dann ist für die meisten Stoffe $\mu = 1$, für Eisen kann es bis $\mu = 10\,000$ anwachsen.

Da die Kraft teils anziehend, teils abstoßend wirkt, so gibt man den verschiedenen Magnetismusarten ein Vorzeichen, $+$ oder $-$, und findet, daß gleichartige Pole sich abstoßen, ungleichartige sich anziehen. Negative Kraft bedeutet Anziehung.

2. Feldstärke, Feldlinie. Unter der Feldstärke $\mathfrak{H}$ versteht man die auf einen Pol von der Stärke $m = 1$ wirkende Kraft, gemessen in Dyn ($981\,000$ Dyn $= 1$ kg).

Feldlinie ist die Bahn eines frei beweglichen Nordpols. Es gibt unendlich viele Feldlinien. Der Übersicht wegen zeichnet man nur so viel Feldlinien durch 1 cm², wie $\mathfrak{H}$ angibt. Die Feldstärke kann man daher auch in Feldlinien/Quadratzentimeter rechnen.

3. Magnetfeld der Erde. Die Erde besitzt ein schwaches magnetisches Feld, das im Kompaß ausgenutzt wird. Seine Stärke, in wagrechter Richtung von Nord nach Süd gemessen, beträgt in Deutschland ungefähr $\mathfrak{H} = 0{,}2$ Linien/cm².

4. Magnetfeld eines Stromes. Ein elektrischer Strom von der Stärke I entwickelt ein Magnetfeld, dessen Stärke $\mathfrak{H}$ sich aus geometrischen Abmessungen berechnen läßt. Seine Linien umkreisen den einzelnen Draht.

Für einen Punkt P im Abstand a von einem geraden Draht (Abb. 8) ist

$$\mathfrak{H} = 0{,}2\,\frac{I}{a}.$$

Im Mittelpunkt M des Kreises von w Windungen (Abb. 9, wo nur 1 Windung gezeichnet ist) gilt

$$\mathfrak{H} = 0{,}2\,\pi\,\frac{I \cdot w}{r}.$$

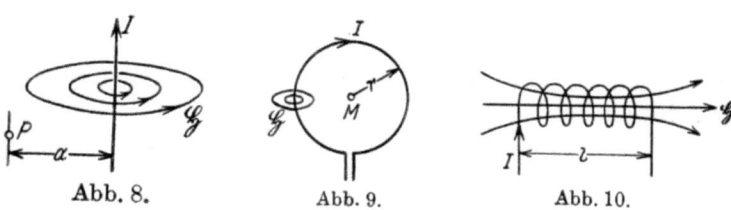

Abb. 8. Abb. 9. Abb. 10.

Im Innern einer langen, schmalen Spule von w Windungen, Abb. 10, rechnet man mit

$$\mathfrak{H} = 0{,}4\,\pi\,\frac{I \cdot w}{l}.$$

a, r und l sind in cm einzusetzen, I in Ampere, um $\mathfrak{H}$ in Linien/cm² zu erhalten. Bei kurzen Spulen setzt man für l die Länge der Diagonale ein.

Die Formeln lehren, daß das magnetische Feld durch die vorhandenen Amperewindungen $I \cdot w$ bedingt wird.

5. Eisen im Magnetfeld. Die Erfahrung zeigt, daß Eisen im magnetischen Feld magnetisch wird. Dabei entwickelt es eigene Linien und verstärkt das vorhandene Feld. Besaß dieses ursprünglich $\mathfrak{H}$ Linien/cm², so sind nach dem Einbringen des Eisens $\mathfrak{B}$ Linien/cm² vorhanden, und man schreibt:

$$\mathfrak{B} = \mu \cdot \mathfrak{H},$$

wo μ wieder die Magnetisierbarkeit des Eisens ist. μ ist bei Eisen keine Konstante, sondern es hängt von $\mathfrak{H}$ ab. Besitzt das Eisen einen Querschnitt von q Quadratzentimetern, so treten aus dem ganzen Eisen

$$\Phi = \mathfrak{B} \cdot q$$

Linien aus.

6. Kraft zwischen Feld und Strom. Bringt man einen Stromleiter von der Länge l cm, der den Strom I führt, in ein magnetisches Feld von der Stärke $\mathfrak{B}$, so üben $\mathfrak{B}$ und I, die miteinander den Winkel α einschließen mögen, aufeinander eine

Das magnetische Feld.

Kraft aus, die nach Biot und Savart berechnet wird zu:

$$P = \frac{0,1}{981\,000} \cdot \mathfrak{B} \cdot I \cdot l \cdot \sin \alpha \text{ kg}.$$

Sie wirkt senkrecht zu der durch $\mathfrak{B}$ und I gelegten Ebene.

Diese Gleichung bildet die Grundlage für die Berechnung von Elektromotoren, Meßgeräten und sonstigen Kraftwirkungen, wie z. B. Telephonen und Lautsprechern.

7. Zugkraft nach Maxwell. Ein Magnet vom Querschnitt q cm², der $\mathfrak{B}$ Linien je Quadratzentimeter aussendet, übt auf seinen Anker eine Kraft aus:

$$P = \frac{1}{981\,000} \cdot \frac{\mathfrak{B}^2 q}{8 \pi} \text{ kg},$$

was man meistens abrundet in:

$$P = q \cdot \left(\frac{\mathfrak{B}}{5000}\right)^2 \text{ kg}.$$

Ändert sich die Liniendichte $\mathfrak{B}$ um einen kleinen Betrag $d\mathfrak{B}$, so ändert sich auch die Kraft P ein wenig, nämlich um die „Verstellkraft"

$$dP = 2q \frac{\mathfrak{B} \cdot d\mathfrak{B}}{5000^2}.$$

8. Induktion. Bewegt man einen Leiter im magnetischen Feld oder bewegt man ein magnetisches Feld gegenüber einem Leiter derart, daß Feldlinien durch den Leiter hindurchschneiden, so entsteht im Leiter eine Emk der Induktion. Sie hat nach dem Gesetz von Neumann, das meist Maxwell zugeschrieben wird, die Größe:

$$e = -z \cdot \frac{d\Phi}{dt} \cdot 10^{-8} \text{ Volt}.$$

Dabei bedeutet dt eine sehr kurze Zeit, während der die sehr kleine Zahl $d\Phi$ Linien durch den Leiter schneiden. z ist die Zahl der in Reihe geschalteten induzierten Leiter.

Da es nur auf eine Relativbewegung zwischen Feld und Leiter ankommt, so kann man eine Induktionswirkung auch dadurch hervorrufen, daß man in einer Leitung einen Strom entstehen oder verschwinden läßt. Hierbei breitet sich sein Magnetfeld mit Lichtgeschwindigkeit aus, oder es zieht sich zusammen. Schneiden nun seine Linien durch den eigenen Leiter hindurch, so spricht man von Selbstinduktion; schneiden sie durch einen andern Leiter, so nennt man dies gegenseitige Induktion. Ändert sich dabei in der kurzen Zeit dt der Strom i um den kleinen Betrag di, so gilt für die induzierte Emk

$$e = -L \cdot \frac{di}{dt} \quad \text{bei Selbstinduktion,}$$

$$e_2 = -M \frac{di_1}{dt} \quad \text{bei gegenseitiger Induktion.}$$

Die kleinen Zahlen 1 und 2 sollen andeuten, daß es sich entsprechend Abb. 11 um zwei getrennte Stromkreise handelt. Man bezeichnet

L als Selbstinduktivität,
M als Gegeninduktivität;

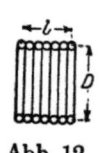

Abb. 11.

ihre Einheit ist das Henry (H). Man rechnet auch oft mit dem Zentimeter als Einheit.

$$1 \text{ Henry} = 10^9 \text{ cm.}$$

L und M sind klein bei geraden Drähten, groß bei Spulen.

9. Berechnung von L. Zur Berechnung der Selbstinduktivität von Spulen kann man die Näherungsformel benutzen:

$$L = \frac{(\pi D w)^2}{l} \cdot f \quad \text{in cm.}$$

Darin ist w die Windungszahl der Spule,

l ihre Länge,
D ihr Durchmesser,
} vgl. Abb. 12 bis 14

f ein Faktor, der von l/D abhängt und aus dem Kurvenblatt am Ende des Buches zu entnehmen ist.

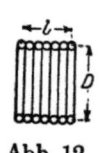
Abb. 12.

Abb. 13.

Abb. 14.

Der zur Spule gewickelte Draht hat die Länge $\pi \cdot D \cdot w$; ihr ist der Widerstand R proportional, während L vom Quadrat

Das magnetische Feld.

der Länge abhängt. Für die Selbstinduktivität ist es daher gleichgültig, ob man viel oder wenig Windungen aufbringt. Dieselbe Drahtlänge gibt dieselbe Induktivität, solange f konstant bleibt. In Wirklichkeit gibt es für jede Drahtlänge eine günstigste Spule mit dem größten möglichen L.

Das Verhältnis von L zu R wird mit wachsendem L immer günstiger. Daher ist es berechtigt, Spulen hoher Induktivität mit dünnerem Draht zu wickeln.

10. Kopplung. Die Induktion ermöglicht durch Vermittlung des magnetischen Feldes einen Energieübergang von dem einen zum andern Stromkreis. So verbundene Kreise heißen **magnetisch** (induktiv) gekoppelt. Als Beispiele können die Abb. 11 und 15 gelten. Ein Maß für die Größe der Kopplung gibt der **Kopplungsfaktor**

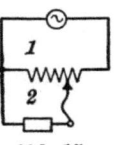

Abb. 15.

$$k = \frac{M}{\sqrt{L_1 \cdot L_2}}.$$

L_1 ist hierbei die gesamte Selbstinduktivität des einen,
L_2 die des ganzen andern Kreises,
k schwankt zwischen 0 (ganz lose) und 1 (ganz feste Kopplung).

11. Energie des magnetischen Feldes. Das magnetische Feld enthält Energie. Ihre Größe ist

$$W = \tfrac{1}{2} \cdot L \cdot I^2 \quad \text{in Ws,}$$

wenn I in Ampere und L in Henry eingesetzt wird. Diese Energie gibt beim Unterbrechen stärkerer Magnetkreise (Maschinenwicklungen) kräftige, u. U. gefährliche Funken.

12. Schaltungen. Schaltet man mehrere Spulen nach Abb. 16 in Reihe, dann werden alle von demselben Strom I_r durchflossen. Die Anordnung wirkt wie eine einzige Spule mit der Induktivität L_r

$$L_r = L_1 + L_2 + \cdots = \Sigma L.$$

Bei Nebenschaltung nach Abb. 17 teilt sich der Strom I_r in mehrere Zweige; alle Spulen haben dieselbe Klemmenspannung. Sie wirken wie eine einzige Spule mit der Induktivität L_r.

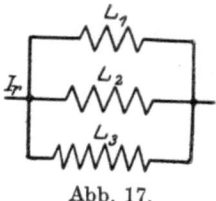

Abb. 17.
zweier Spulen

$$\frac{1}{L_r} = \frac{1}{L_1} + \frac{1}{L_2} + \cdots = \sum \frac{1}{L}.$$

Koppelt man die Spulen bei Reihenschaltung außerdem magnetisch miteinander, wie z. B. beim Variometer, so wird die gesamte wirksame Induktivität

$$L_r = L_1 + L_2 \pm 2M,$$

je nachdem die Magnetfelder sich verstärken oder schwächen.

C. Das elektrische Feld.

1. Elektrische Kraft. Isolierte positive oder negative Elektrizitätsmengen üben auf andere elektrische Ladungen Kräfte aus: sie entwickeln ein elektrisches Feld.

Die Größe der Kraft P findet man wie beim Magnetismus aus der Formel:

$$P = \frac{9 \cdot 10^{18}}{981\,000} \cdot \frac{Q_1 \cdot Q_2}{r^2} \cdot \frac{1}{\varepsilon} \text{ in kg,}$$

wenn Q_1 und Q_2 die aufeinander wirkenden Elektrizitätsmengen (Ladungen) in Amperesekunden (As) bedeuten, r den Abstand ihrer (elektrischen) Schwerpunkte in cm, ε die Elektrisierbarkeit (Dielektrizitätskonstante) des zwischen ihnen liegenden Raumes bzw. Stoffes. Für den leeren Raum setzt man $\varepsilon = 1$, dann ist für Luft $\varepsilon = 1$, für andere Isolierstoffe siehe Tafel 2 (Seite 90).

2. Feldstärke, Feldlinien. Unter **Feldstärke** $\mathfrak{E}$ versteht man die im elektrischen Feld auf die absolute positive Einheit der Ladung, $Q = +1$, wirkende Kraft, gemessen in Dyn.

Feldlinie ist die Bahn einer frei beweglichen positiven Ladung im Feld. Man zeichnet so viel Feldlinien durch 1 cm² wie $\mathfrak{E}$ angibt. Hiernach ist die Einheit von $\mathfrak{E}$ 1 Linie/cm².

Längs einer elektrischen Feldlinie besteht eine treibende Kraft, eine Emk. Bezeichnet man ein kurzes Stück der Linie mit ds, die darauf entfallende Teil-Emk mit dE, so erklärt man

Das elektrische Feld.

auch als Feldstärke:

$$\mathfrak{E} = \frac{dE}{ds} \text{ in V/cm},$$

wobei

1 Linie/cm² = 300 V/cm.

3. Elektrische Festigkeit. Durch einen Isolator fließt i. a. kein Strom, weil die Elektronen fest an die Atome gekettet sind. Steigert man die Stärke des elektrischen Feldes, so wächst die auf die Elektronen wirkende Kraft, bis sie unter Zerstörung des Körpers losgerissen werden und der Durchschlag erfolgt. Die Stärke des in diesem Augenblick vorhandenen Feldes nennt man **elektrische Festigkeit** des Isolators, vgl. Tafel 2. Sie wächst nicht in demselben Maß wie die Dicke des Isolators.

4. Elektrisches Feld der Erde. Die Erde besitzt ein elektrisches Feld, da sie gegenüber der Luft und den Wolken i. a. negativ ist. Seine mittlere Stärke beträgt etwa 1 V/cm. Infolge dieses Feldes fließen in jeder Antenne Ströme, die sich bei Änderungen der Feldstärke als Geräusche bemerkbar machen.

5. Kondensator. Eine Anordnung zum Sammeln elektrischer Ladungen heißt **Kondensator**. Ein solcher besteht aus zwei leitenden Flächen (Belegungen), die durch einen Nichtleiter (Dielektrikum) getrennt sind und von denen die eine positiv, die andere ebenso stark negativ geladen wird. Unter seiner **Kapazität** (Fassungsvermögen) versteht man das Verhältnis der positiven Ladung zur Spannung:

$$C = \frac{Q}{U}.$$

Man erhält C in Farad (F), wenn man Q in Amperesekunden (As) und U in Volt (V) einsetzt.

1 Farad = 10^6 Mikrofarad (μF) = $9 \cdot 10^{11}$ cm.
1 Mikrofarad = $9 \cdot 10^5$ cm.

Die Kapazität einfacher Anordnungen, z. B. ebener Platten, läßt sich aus den Abmessungen berechnen. Sind insgesamt n Metallplatten von je F Quadratzentimetern Oberfläche (Vorder- und Rückseite) vorhanden, die alle denselben Abstand a Zentimeter voneinander haben, so wird

$$C = \frac{F}{8\pi} \cdot \frac{\varepsilon}{a} \cdot (n-1) \text{ in cm.}$$

Sind mehrere Isolierschichten von der Dicke $a_1, a_2, \ldots$ mit den Dielektrizitätskonstanten $\varepsilon_1, \varepsilon_2, \ldots$ hintereinander geschaltet, so ersetzt man $\dfrac{\varepsilon}{a}$ durch $\left(\dfrac{\varepsilon_1}{a_1} + \dfrac{\varepsilon_2}{a_2} + \ldots\right)$.

6. Zugkraft zwischen Kondensatorplatten. Die Ladungen eines auf die Spannung U geladenen Zweiplattenkondensators ziehen sich mit einer Kraft an

$$P = \frac{9 \cdot 10^{11}}{981000 \cdot 9 \cdot 10^4} \cdot \frac{1}{2} \cdot \frac{C \cdot U^2}{a} \text{ kg.}$$

Man setzt ein: C in Farad, U in Volt, a in cm.

Ändert sich die Spannung U um einen sehr kleinen Betrag dU, so ändert sich auch die Kraft ein wenig, nämlich um die „Verstellkraft"

$$dP = \frac{9 \cdot 10^{11}}{981000 \cdot 9 \cdot 10^4} \cdot \frac{C \cdot U \cdot dU}{a} \text{ kg.}$$

7. Energie des elektrischen Feldes. In dem elektrischen Feld zwischen den Kondensatorplatten sitzt (ähnlich wie im Magnetfeld einer Spule) ein Arbeitsvermögen, Energie genannt, das die bewegliche Platte gegen äußere Kräfte verschieben kann. Bei der Bewegung um die Strecke a äußert sich eine Energie

$$W = \tfrac{1}{2} \cdot C \cdot U^2 \text{ Wattsek.}$$

Man setzt ein: C in Farad, U in Volt.

Diese Energie erzeugt beim Funkensender den Funken und die Antennenschwingungen.

8. Influenz. Bringt man einen ungeladenen Körper in ein elektrisches Feld, so übt es auf die Elektronen des Körpers Kräfte aus, die in einem Leiter eine „Trennung der Elektrizitäten" hervorrufen, d. h. die — negativen — Elektronen sammeln sich in der Nähe des positiven Feldpols; es entsteht dabei für kurze Zeit ein Strom im Leiter. — In einem Nichtleiter können sie sich nur an Ort und Stelle ein wenig drehen oder verschieben. Diesen Vorgang nennt man Elektrisierung durch Influenz. Der elektrisierte Körper sendet nunmehr (ähnlich wie Eisen im Magnetfeld) eigene Feldlinien aus und verstärkt das ursprüngliche Feld, so daß nicht mehr $\mathfrak{E}$, sondern

$$\mathfrak{D} = \varepsilon \cdot \mathfrak{E} \text{ Linien/cm}^2$$

vorhanden sind.

Das elektrische Feld. 15

9. Schaltungen. Schaltet man nach Abb. 18 mehrere Kondensatoren nebeneinander, so teilt sich der gesamte Ladestrom I_r in mehrere Zweige. Die Anordnung wirkt wie ein Kondensator mit entsprechend größeren Flächen; seine Kapazität ist

$$C_r = C_1 + C_2 + \ldots = \Sigma C.$$

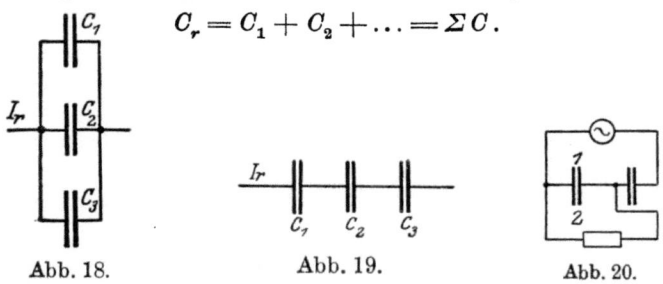

Abb. 18.   Abb. 19.   Abb. 20.

Bei Reihenschaltung (Abb. 19) addieren sich die Abstände a, d. h. C_r wird kleiner als jede Einzelkapazität

$$\frac{1}{C_r} = \frac{1}{C_1} + \frac{1}{C_2} + \ldots = \Sigma \frac{1}{C}.$$

10. Elektrische Kopplung. Elektrisch (kapazitiv) gekoppelt nennt man zwei Kreise, wenn sie wie auf Abb. 20 ein elektrisches Feld (einen Kondensator) gemeinsam haben.

Gitter- und Anodenkreis einer Röhre haben z. B. die Kapazität Gitter-Anode gemeinsam.

D. Der Wechselstrom.

1. Darstellung. a) Mit Worten: Wechselstrom ist ein elektrischer Strom, der seine Stärke und Richtung regelmäßig ändert.

b) Durch eine Kurve (Abb. 21).

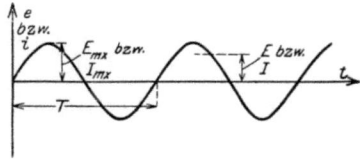

Abb. 21.

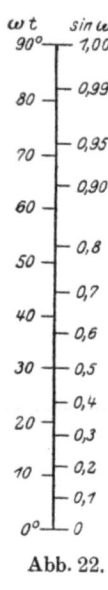

Abb. 22.

c) Durch eine Gleichung
$$i = I_{mx} \cdot \sin \omega t,$$
$$e = E_{mx} \cdot \sin(\omega \cdot t \pm \varphi).$$

d) Durch eine Skala (Abb. 22).

2. Bezeichnungen.

e, i (kleine Buchstaben) **Augenblickswerte**, veränderlich.

E_{mx}, I_{mx} (große Buchstaben) **Höchstwerte**, konstant.

E, I (große Buchstaben) **Effektivwerte** (von Meßgeräten angezeigte Mittelwerte).

t Zeit, veränderlich, gemessen in Sekunden.

T Dauer einer Welle oder Periode.

$f = \dfrac{1}{T}$ **Frequenz** oder Zahl der Wellen in 1 s; Einheit 1 Hertz = 1 Per/sek.

$\omega = 2\pi f$ Winkelgeschwindigkeit der Maschine.

ωt Drehwinkel der Maschine.

φ Winkel der **Phasenverschiebung**. Zwischen dem Höchstwert der Spannung und dem Höchstwert des Stromes dreht sich die Maschine um den Winkel φ. φ ist auf Abb. 21 nicht berücksichtigt.

$c = 300\,000$ km/s Fortpflanzungsgeschwindigkeit der elektrischen und magnetischen Felder.

$\lambda = c \cdot T$ Länge einer Welle, d. i. der Weg, den das Feld in der Zeit T zurücklegt.

Abb. 23.

3. Wechselstrommaschinen. Dreht man z hintereinander geschaltete Drähte D (Abb. 23) im Magnetfeld NS oder dreht man ein Feld NS gegenüber den z Drähten D, dann entsteht in D eine Emk durch Induktion

$$e = -z \cdot \frac{d\Phi}{dt} \cdot 10^{-8} \text{ Volt.}$$

Nimmt man an, daß der zeitliche Verlauf des Feldes gegeben ist durch:

$$\Phi = \Phi_{mx} \cdot \cos \omega t,$$

Der Wechselstrom.

so wird:
$$e = 10^{-8} \cdot z \cdot \omega \cdot \Phi_{mx} \cdot \sin \omega \cdot t = E_{mx} \cdot \sin \omega \cdot t.$$

Besitzt die Maschine p Nord- und p Südpole und macht sie n Umdrehungen in 1 Minute oder $\frac{n}{60}$ in 1 Sekunde, so wird die Frequenz des Maschinenstromes

$$f = p \cdot \frac{n}{60}.$$

Die obere Grenze für f liegt aus mechanischen Gründen (Zentrifugalkraft!) bei $f = 10000$ Hertz.

4. Transformator. Ein bequemes Hilfsmittel, um **Wechselstrom beliebiger Frequenz umzuformen**, so daß die Frequenz und Leistung erhalten bleibt, Strom und Spannung aber in beliebiger Weise sich ändern, ist der Transformator. Er besteht aus zwei Spulen, die miteinander gekoppelt sind, Abb. 11, und sich gegenseitig induzieren, und enthält bei Nieder- und Tonfrequenz einen Eisenkern, um ein möglichst starkes Magnetfeld bzw. möglichst feste Kopplung zu erzielen.

Bei fester Kopplung beider Spulen verhalten sich am unbelasteten (leer laufenden) Transformator die Spannungen wie die Windungszahlen:

$$E_1 : E_2 = w_1 : w_2.$$

$\frac{w_1}{w_2}$ nennt man die Übersetzung.

Schließt man ihn kurz, so verhalten sich die Ströme umgekehrt wie die Windungszahlen:

$$I_1 : I_2 = w_2 : w_1.$$

Belastet man die Sekundärseite eines Transformators mit einem Widerstand R, einer Spule von der Induktivität L oder einem Kondensator mit der Kapazität C, so wirken infolge der Kopplung diese auf den Primärkreis bzw. die Stromquelle wie

$$\left(\frac{w_1}{w_2}\right)^2 \cdot R \quad \text{bzw.} \quad \left(\frac{w_1}{w_2}\right)^2 \cdot L \quad \text{bzw.} \quad \left(\frac{w_2}{w_1}\right)^2 \cdot C.$$

5. Messung von Wechselstrom und -spannung. Wegen ihrer Trägheit zeigen die Meßgeräte nur Mittelwerte an.

Spricht ein Gerät auf e^1 bzw. i^1 an, so ist sein Ausschlag bei Wechselstrom gleich null, weil die Anstöße fortwährend ihre Richtung wechseln.

Spricht es aber auf e^2 bzw. i^2 an, so eignet es sich für Wechselstrom. Der angezeigte oder **effektive** Mittelwert ist bei sinusartigem Verlauf der Kurve

$$E = \frac{1}{\sqrt{2}} \cdot E_{mx} \quad \text{bzw.} \quad I = \frac{1}{\sqrt{2}} \cdot I_{mx}.$$

Für Hochfrequenz eignen sich als Spannungsmesser am besten die Elektrometer, die auf der Anziehung geladener Kondensatorplatten beruhen; als Strommesser die Hitzdrahtgeräte und Thermoelemente.

6. Leistung. Während bei Gleichstrom die Leistung als Produkt von Spannung und Stromstärke sich berechnen ließ, ist die Leistung bei Wechselstrom kleiner, weil infolge der Phasenverschiebung φ die Kurven sich zeitlich nicht decken, so daß gelegentlich Strom und Spannung entgegengesetzte Vorzeichen haben und die Leistung vorübergehend negativ wird. Hier ist im Mittel

$$N = E \cdot I \cdot \cos\varphi,$$

wo $\cos\varphi$ zwischen 0 und 1 liegt. Je kleiner die Dämpfung, um so kleiner $\cos\varphi$.

$\cos\varphi$ heißt **Leistungsfaktor**,
$E \cdot I$ heißt **scheinbare Leistung**.

Bei Hochfrequenz ist es sehr schwer, Leistungen zu messen. Meistens bestimmt man den Ohmschen Widerstand R des Stromkreises und die Stromstärke I und berechnet

$$N = I^2 \cdot R.$$

7. Widerstände bei Wechselstrom. Bei Wechselstrom unterscheidet man drei Arten von Widerständen:

a) Den echten oder **Ohmschen Widerstand** R, der auch bei Gleichstrom auftritt. Für Wechselstrom wird er oft durch Verluste in der Nachbarschaft des Stromes erhöht, z. B. wenn in nahen Metallmassen unbeabsichtigte Induktionsströme entstehen, wenn ein Isolator sich erwärmt usw.

b) den **induktiven Widerstand** einer Spule

$$\mathfrak{R}_L = \omega \cdot L, \qquad (L \text{ in Henry})$$

Der Wechselstrom.

der daher rührt, daß das Magnetfeld der Spule dauernd auf- und abgebaut werden muß. Verluste sind hiermit nicht verbunden, da stets dieselbe Energie hin und her schwingt, also

$$\cos \varphi = 0.$$

Hat aber die Spule außerdem den Ohmschen Widerstand R oder wird R mit der Spule in Reihe geschaltet, so verbraucht dieser Energie, und die Phasenverschiebung ist nicht mehr 90^0, sondern

$$\operatorname{tg} \varphi = \frac{\omega L}{R},$$

wobei die Stromkurve sich um φ gegenüber der Spannungskurve verspätet.

Beide Widerstände setzen sich zu einem Gesamtwiderstand zusammen:

$$\mathfrak{R} = \sqrt{R^2 + (\omega L)^2}.$$

c) den **kapazitiven Widerstand** eines Kondensators

$$\mathfrak{R}_C = \frac{1}{\omega \cdot C}, \qquad (C \text{ in Farad})$$

der vom Auf- und Abbau des elektrischen Feldes herrührt. Bei einem idealen Kondensator ist

$$\cos \varphi = 0.$$

Treten Verluste auf, etwa durch schlechte Isolation, so denkt man sich diese entstanden in einem mit C in Reihe geschalteten Widerstand R und findet die Phasenverschiebung aus

$$\operatorname{tg} \varphi = - \frac{\frac{1}{\omega C}}{R}.$$

Hier eilt der Strom um φ der Spannung voraus.

Der Gesamtwiderstand wird:

$$\mathfrak{R} = \sqrt{R^2 + \left(\frac{1}{\omega C}\right)^2}.$$

8. Hautwirkung. Fließt durch einen Leiter ein veränderlicher Strom, so quellen seine Magnetlinien aus der Achse hervor oder kriechen wieder in sie hinein. Dabei schneiden sie durch den Leiter und induzieren in ihm eine Emk, die einen Strom zur Folge hat, der an der Außenfläche des Leiters dieselbe Richtung hat wie der ursprüngliche Strom und in der Leiterachse zurückfließt. Außen wird also der Strom verstärkt, im Innern geschwächt. Mit anderen Worten: der ganze Strom fließt nur in der Außenhaut. Die Folge ist eine schlechte Ausnutzung des Metallquerschnitts, eine Erhöhung des Ohmschen Widerstandes. Da aber gleichzeitig im Innern des Drahtes kein Magnetfeld aufgebaut wird, so sinkt L und damit der induktive Widerstand ωL. Ob der gesamte Widerstand

$$\Re = \sqrt{R^2 + \omega^2 L^2}$$

steigt oder fällt, hängt von den Drahtkonstanten ϱ und μ, von der Drahtstärke $2r$ und der Wechselstromfrequenz f ab.

E. Der Schwingungskreis.

1. Eigenschwingungen. Führt man einem aus dem Kondensator mit der Kapazität C (Farad), der Spule mit der Selbstinduktivität L (Henry) und dem — unvermeidlichen — Widerstand R (Ohm) bestehenden Kreis (Abb. 24) Energie zu, so pendelt sie zwischen C und L hin und her, indem sie bald C auflädet und ein elektrisches Feld bildet, bald um L ein Magnetfeld aufbaut. Bei jedem Hin- und Hergang zehrt R an der Energie.

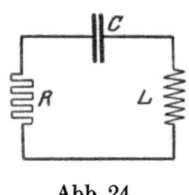

Abb. 24.

Ist

$$R > 2\sqrt{\frac{L}{C}},$$

dann wird die ganze Energie schon auf dem ersten Weg verbraucht, d. h. es treten gar keine Schwingungen auf („übergedämpfter" Zustand).

Ist

$$R = 2\sqrt{\frac{L}{C}},$$

dann möchten die Schwingungen eben einsetzen (Zustand der „vollkommenen" Dämpfung, aperiodischer Grenzfall).

Der Schwingungskreis.

Ist
$$R < 2\sqrt{\frac{L}{C}},$$
dann treten wirklich Schwingungen auf, die allmählich abklingen; sie werden durch den Widerstand R „gedämpft" (Abb. 25).

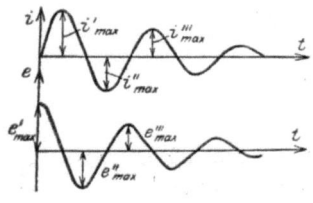

Abb. 25.

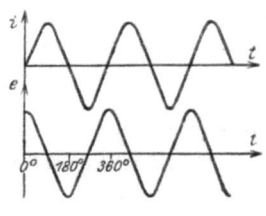

Abb. 26.

Ist schließlich
$$R = 0,$$
dann entstehen „ungedämpfte" Schwingungen, deren Schwingungsweite E_{mx} bzw. I_{mx} immer dieselbe bleibt (Abb. 26 u. 21).

2. Ungedämpfte Schwingungen. Da kein dämpfender Widerstand vorhanden ist (Kennzeichen 0), so wird keine Leistung verbraucht, d. h.
$$\cos\varphi_0 = 0 \quad \text{oder} \quad \varphi_0 = 90^0.$$

Die Spulenspannung eilt dem Strom und dieser der Kondensatorspannung um je 90^0 voraus.

Strom und Spannung folgen daher den Gleichungen
$$i = I_{mx} \cdot \sin(\omega_0 \cdot t),$$
$$e = \pm E_{mx} \cdot \cos(\omega_0 \cdot t),$$
wobei die Höchst- und die Effektivwerte durch die Beziehung verknüpft sind
$$\frac{E_{mx}}{I_{mx}} = \frac{E}{I} = \sqrt{\frac{L}{C}},$$
was sich aus der Gleichheit der magnetischen und der elektrischen Feldenergie ergibt:
$$\frac{1}{2} L I_{mx}^2 = \frac{1}{2} C E_{mx}^2.$$

Nach Rechnungen von Thomson findet man die **Eigenfrequenz** des Schwingungskreises zu

$$f_0 = \frac{1}{2\pi\sqrt{C \cdot L}} \text{ Hertz,}$$

wenn man C in Farad, L in Henry einsetzt.

Da hier $\omega_0 = 2\pi f_0$ als Drehwinkel keinen Sinn hat, so nennt man ω allgemein „Kreisfrequenz".

Die „Eigenwelle" wird

$$\lambda_0 = 2\pi\sqrt{C \cdot L}$$

mit C, L und λ_0 in cm.

3. Gedämpfte Schwingungen. Die Dämpfung durch den Widerstand R (Kennzeichen d) bewirkt eine allmähliche Abnahme der Schwingungsweite i_{mx} bzw. e_{mx} nach einer Exponentialfunktion der Zeit (Abb. 25). Die Phasenverschiebung beträgt nicht mehr $90°$, sondern

$$\varphi_d = 90° - \psi.$$

Infolgedessen gelten die Gleichungen
für den **Strom**

$$i = I_{mx} \cdot \varepsilon^{-\delta t} \cdot \sin(\omega_d \cdot t),$$

für die **Spannung** an der Spule bzw. am Kondensator

$$e = \pm E_{mx} \cdot \varepsilon^{-\delta t} \cdot \cos(\omega_d \cdot t - \psi).$$

$\varepsilon = 2{,}718\ldots$ ist die Grundzahl der natürlichen Logarithmen.

Zwischen den Höchst- bzw. Effektivwerten besteht wieder der Zusammenhang

$$\frac{E_{mx}}{I_{mx}} = \frac{E}{I} = \sqrt{\frac{L}{C}}.$$

Der Winkel ψ ergibt sich aus

$$\text{tg}\,\psi = \frac{\delta}{\omega_d} = \frac{d}{2\pi}.$$

In der Abb. 25 ist ψ vernachlässigt, weil der Winkel meist sehr klein ist.

Die Geschwindigkeit, mit der die Schwingungen abnehmen, hängt nicht allein von R, sondern auch von C und L ab, wie schon im ersten Absatz angedeutet wurde. Als maßgebende

Der Schwingungskreis.

Dämpfungsgrößen sieht man daher an:

$$\delta = \frac{R}{2L} = \text{Dämpfungsfaktor} = \text{Dämpfung/Sekunde},$$

$$d = \delta \cdot T_d = \text{natürlich logarithmisches Dekrement}$$
$$= \text{Dämpfung/Periode}.$$

Dekrement heißt Abnahme; es ist daher sinnlos, von einem Dämpfungsdekrement zu sprechen, da die Dämpfung gar nicht abnimmt.

Aus der Schwingungskurve (Abb. 25) kann man berechnen

$$d = \text{lognat}\,\frac{e'_{\text{mx}}}{e'''_{\text{mx}}} = \text{lognat}\,\frac{e''_{\text{mx}}}{e^{\text{IV}}_{\text{mx}}} = \cdots$$

oder

$$d = \text{lognat}\,\frac{i'_{\text{mx}}}{i'''_{\text{mx}}} = \text{lognat}\,\frac{i''_{\text{mx}}}{i^{\text{IV}}_{\text{mx}}} = \cdots$$

Bei geringer Dämpfung ist die Eigenperiode

$$T_d \approx T_0 = \frac{1}{2\pi\sqrt{CL}},$$

dann geht d über in

$$d \approx \delta \cdot T_0 = \pi \cdot R \cdot \sqrt{\frac{C}{L}}.$$

Die Eigenfrequenz wird

$$f_d = \frac{1}{2\pi} \cdot \sqrt{\frac{1}{CL} - \left(\frac{R}{2L}\right)^2} = \frac{1}{2\pi} \cdot \sqrt{\omega_0^2 - \delta^2}$$

und bei geringer Dämpfung

$$f_d = \frac{f_0}{\sqrt{1 + \left(\dfrac{d}{2\pi}\right)^2}} = f_0 \cdot \cos\psi.$$

Angenähert ist $f_d = f_0$ bei $d=0$ bis $d=1$.

4. Erzwungene Schwingungen. Führt man einem aus C, L und R (Abb. 24) bestehenden Gebilde, das zu Eigenschwingungen fähig ist, von außen her Wechselstrom zu, so bezeichnet man letzteren als „erzwungene" Schwingung; ihre Konstanten seien f bzw. T bzw. ω, ohne besondere Kennung. Diese Schwingungen sind scheinbar ungedämpft, da sie stets dieselbe Schwingungsweite E_{mx} bzw. I_{mx} aufweisen; die in R auftretenden Verluste werden durch die Stromquelle sofort wieder ersetzt

Als Dekrement gilt das Verhältnis der während $^1/_2$ Periode in Wärme verwandelten Energie zur Gesamtenergie

$$d = \frac{\frac{1}{2} R I_{mx}^2 \cdot \frac{T}{2}}{\frac{1}{2} L I_{mx}^2} = \frac{R}{2L} \cdot T.$$

Das Ergebnis ist dasselbe wie früher.

Schaltet man R, L und C mit der Stromquelle in Reihe, dann ergibt sich als Gesamtwiderstand des Schwingungskreises gegenüber dem eindringenden Wechselstrom

$$\mathfrak{R}' = \sqrt{R^2 + \left(\omega L - \frac{1}{\omega C}\right)^2},$$

zugleich stellt sich eine Phasenverschiebung zwischen Strom und Spannung ein

$$\text{tg}\, \varphi = \frac{\omega L - \dfrac{1}{\omega C}}{R}.$$

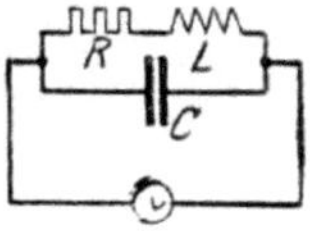

Abb. 27.

Dagegen ist bei Nebenschaltung (Abb. 27), wenn die Spule den Widerstand R besitzt,

$$\mathfrak{R}'' = \sqrt{\frac{R^2 + (\omega L)^2}{(\omega C)^2 \cdot \left[R^2 + \left(\omega L - \dfrac{1}{\omega C}\right)^2\right]}},$$

$$\text{tg}\, \varphi = \frac{\omega L - \omega C (R^2 + \omega^2 L^2)}{R}.$$

5. Resonanz. Läßt man die Frequenz f des Wechselstroms von 0 an wachsen, dann bleibt R ungeändert, während ωL zu- und $1/\omega C$ abnimmt. Sind beide gleich, dann ist

$$\omega L - \frac{1}{\omega C} = 0 \quad \text{und} \quad \varphi = 0.$$

Die zugehörige Frequenz f_r ist daraus zu berechnen:

$$f_r = \frac{1}{2\pi \sqrt{CL}}.$$

Der Schwingungskreis.

Sie ist gleich der Eigenfrequenz des Schwingungskreises, und man spricht von Resonanz, wenn die aufgezwungene Schwingung mit ihr übereinstimmt.

Im Resonanzfall ist der Widerstand einer Reihenschaltung von C, L und R

$$\Re_r' = R,$$

während die Parallelschaltung bei geringer Dämpfung den Resonanzwiderstand hat:

$$\Re_r'' = \frac{L}{C \cdot R}.$$

$\Re'$ ist dabei am kleinsten, $\Re''$ am größten.

6. Resonanzkurve. Ändert man in einem Schwingungskreis C, L oder die Frequenz f der erzwungenen Schwingung, dann ändert sich der Widerstand $\Re'$ bzw. $\Re''$ und mit ihm I oder E, denn auch hier gilt

$$E = I \cdot \Re.$$

Man kann dann eine Kurve zeichnen mit der veränderlichen Größe C, L oder f als Abszisse und $\Re$, I oder E als Ordinate, die man Resonanzkurve nennt. Sie weist im Resonanzpunkt einen Gipfel oder ein Tal auf (Abb. 28).

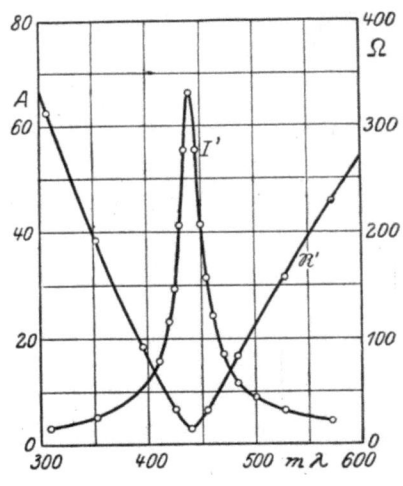

Abb. 28.

Für Reihenschaltung war

$$\Re' = \sqrt{R^2 + \left(\omega L - \frac{1}{\omega C}\right)^2},$$

wofür man auch schreiben kann

$$\Re' = R \cdot \sqrt{1 + \frac{\pi^2}{d^2}\left(\frac{\omega^2 - \omega_0^2}{\omega \cdot \omega_d}\right)^2}.$$

Bei Resonanz sei der Widerstand gleich $\Re_r'$ und die Stromstärke gleich I_r. Damit ergibt sich bei konstanter Spannung

$$\frac{I^2}{I_r^2} = \frac{\mathfrak{R}_r'^2}{\mathfrak{R}'^2} = \frac{1}{1 + \frac{\pi^2}{d^2}\left(\frac{\omega^2 - \omega_0^2}{\omega \cdot \omega_d}\right)^2}$$

als Gleichung der Resonanzkurve bei veränderlichem ω oder ω_0 bzw. ω_d.

Entsprechend findet man bei Nebenschaltung nach Abb. 27 (Sperrkreis)

$$\frac{I_r^2}{I^2} = \frac{\mathfrak{R}''^2}{\mathfrak{R}_r''^2} = \frac{1}{1 + \frac{\pi^2}{d^2}\left(\frac{\omega^2 - \omega_0^2}{\omega \cdot \omega_d}\right)^2}.$$

7. Dämpfungsmessung. Mit Hilfe der letzten Gleichungen läßt sich das Dekrement d berechnen, wenn die Resonanzkurve gezeichnet vorliegt. Bei geringer Dämpfung setzt man

$$\omega_d = \omega_0 = \omega_r,$$

d. h. gleich dem Wert von ω, der den Gipfel der Kurve trägt.

Bei Reihenschaltung und $d < 1$ gilt näherungsweise, wenn L und ω konstant bleiben, während C geändert wird

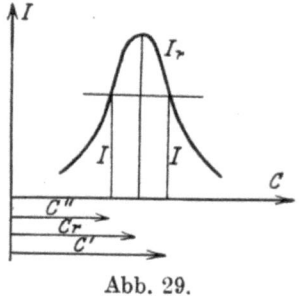

Abb. 29.

$$d = \frac{\pi}{2} \cdot \frac{C' - C''}{C_r} \cdot \sqrt{\frac{I^2}{I_r^2 - I^2}}.$$

Ändert man L bei konstantem C und ω, so ersetzt man in der Formel jeweils C durch L.

Wenn C und L konstant, ω bzw. f veränderlich ist:

$$d = \pi \cdot \frac{f' - f''}{f_r} \cdot \sqrt{\frac{I^2}{I_r^2 - I^2}}.$$

Dabei sind, wie Abb. 29 zeigt, C' und C'', L' und L'' bzw. f' und f'' Abszissen mit gleichen Ordinaten.

8. Abstimmschärfe. Je schmaler die Resonanzkurve (Abb. 28) verläuft, um so weniger stört ein anderer Sender, der mit einer benachbarten Welle gibt. Man bezeichnet als Abstimmschärfe (Wahlschärfe, Selektivität) S den reziproken Wert der Summe der Verstimmungen ε' und ε'' nach beiden Seiten der Resonanz-

Der Schwingungskreis.

lage, die notwendig sind, um dem Anzeigegerät die Hälfte der Leistung wie im Resonanzfall zuzuführen.

$$S = \frac{1}{\varepsilon' + \varepsilon''}.$$

Eine rechnerische Umformung ergibt

$$S = \frac{\pi}{d}.$$

Die **Abstimmschärfe** ist also **umgekehrt proportional dem Dekrement des Schwingungskreises**.

Koppelt man zwei Kreise, die aufeinander abgestimmt sind, so miteinander, daß die Leistungsaufnahme des Anzeigegerätes ihren Höchstwert erreicht, dann ist die Abstimmschärfe

$$S = \pi \frac{1 - \dfrac{d_2}{d_1}}{2 d_2},$$

wo d_1 das Dekrement des ersten Kreises (Antenne) und d_2 das Dekrement des zweiten Kreises einschließlich der Belastung durch das Anzeigegerät (Detektor usw.) ist.

9. Gekoppelte Schwingungskreise. Koppelt man zwei Schwingungskreise miteinander und erregt den einen, so kann die Energie zwischen ihnen hin und her wandern, es entstehen „Schwebungen", wobei die Ströme und Spannungen in

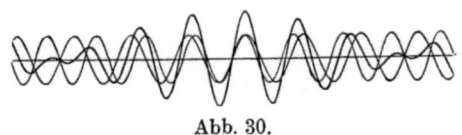

Abb. 30.

jedem Kreis rhythmisch, im Takt der „Schwebungsfrequenz" zu- und abnehmen (Abb. 30). Die Schwebungen kann man entstanden denken aus zwei Einzelschwingungen mit gleichbleibenden Höchstwerten und den Frequenzen:

$$f_1 = \frac{f}{\sqrt{1 - k_1}} \quad \text{und} \quad f_2 = \frac{f}{\sqrt{1 + k_1}},$$

wo f die Eigenfrequenz eines jeden der abgestimmten ungekoppelten Kreise ist und

$$k_1 = \sqrt{k^2 - \left(\frac{d_1 - d_2}{2\pi}\right)^2}.$$

Hier ist k der Kopplungsfaktor; d_1 und d_2 sind die Dekremente der Kreise vor dem Koppeln.

Die Koppelschwingungen f_1 und f_2 haben die Dekremente

$$\mathfrak{d}_1 = \frac{d_1 + d_2}{2} \cdot \frac{f_1}{f} \quad \text{und} \quad \mathfrak{d}_2 = \frac{d_1 + d_2}{2} \cdot \frac{f_2}{f}.$$

Ob die Koppelschwingungen zusammen oder einzeln auftreten, hängt von den Versuchsbedingungen ab. Beim Knallfunkensender sind sie gleichzeitig vorhanden, beim Löschfunkensender ist nur die Schwingung f zu merken, beim Röhrensender lösen sich f_1 und f_2 sprungweise ab (Ziehen).

F. Die Antenne und der Rahmen.

1. Eigenschwingungen gestreckter Leiter. Jeder gestreckte Leiter besitzt, über seine Länge irgendwie verteilt, Ohmschen Widerstand R, Induktivität L und Kapazität C. Somit ist er in der Lage, Eigenschwingungen auszuführen von der Wellenlänge:

$$\lambda = 2\pi \sqrt{C \cdot L}.$$

Stellt man einen Draht von der Länge l senkrecht auf und erdet ihn, so beträgt seine Eigenwelle

$$\lambda = 4l.$$

Schwebt er dagegen frei in der Luft, so ist

$$\lambda = 2l.$$

Der geerdete Draht hat dabei die Selbstinduktivität

$$L = \frac{2}{\pi} \cdot 2l \cdot \ln \frac{2l}{r} \text{ in cm}$$

und die Kapazität

$$C = \frac{2}{\pi} \cdot \frac{l}{2} \cdot \frac{1}{\ln \dfrac{2l}{r}} \text{ in cm},$$

wobei r der Halbmesser des Drahtes ist.

2. Verlängern und Verkürzen. Durch Einschalten einer Spule mit der Induktivität L' am unteren geerdeten Ende

Die Antenne und der Rahmen.

kann man die Drahtlänge und somit die **Eigenwelle verlängern**. Jetzt ist

$$\lambda_1 = 2\pi \cdot \sqrt{C(L+L')}.$$

Das Einschalten eines **Kondensators** C' am geerdeten Ende entfernt die Antenne von der Erde; ihre **Eigenwelle sinkt**, weil die Kapazität kleiner wird. Die gesamte Kapazität ist nämlich nunmehr

$$C_r = \frac{C \cdot C'}{C + C'} < C$$

und die Welle

$$\lambda_2 = 2\pi \cdot \sqrt{\frac{C \cdot C'}{C + C'} \cdot L}.$$

Besitzt die zum Verlängern eingeschaltete Spule eine im Vergleich zu L sehr große Induktivität L', so kann man L ganz vernachlässigen und annehmen, daß L' unmittelbar an der Antennenkapazität liegt. Dann muß diese sich durch einen Kondensator C'' parallel zur Spule vergrößern lassen, und so kommt die **stärkste Verlängerung** zustande:

$$\lambda_3 = 2\pi \cdot \sqrt{(C + C'') \cdot L'}.$$

Die Formel für das Dekrement (Abschn. E) lehrt, daß man die geringste Dämpfung und somit die schärfste Abstimmung bei kleiner Kapazität und großer Induktivität erhält. In dieser Richtung ist die Verkürzungsschaltung den Verlängerungsschaltungen überlegen.

3. Antennenformen. Kann man den Draht nicht senkrecht aufstellen, so **knickt** man sein oberes Ende um (Γ-Antenne). Ist der Draht annähernd in der Mitte geknickt, so gilt

$$\lambda = 5l \text{ bis } 7l.$$

Setzt man oben 2 Querdrähte an (T-Antenne), dann wird

$$\lambda = 4{,}5l \text{ bis } 5l,$$

wobei l von der Erde bis zum äußersten Antennenende zu messen ist.

Ein geneigter gerader Draht ergibt eine Eigenwelle von

$$\lambda = 4{,}2l.$$

Während das Umknicken der Antenne bei Empfängern meistens nur eine Frage der Bequemlichkeit oder der Kosten ist, muß man bei Sendern auf die gefahrlose Unterbringung der Senderenergie achten und daher die Kapazität künstlich vergrößern, um Sprühen und Überschläge zu vermeiden. Die Stromquelle braucht ja nur die infolge der Dämpfung verlorene Energie zu ersetzen, im übrigen kann sich die schwingende Energie zu sehr hohen Werten aufschaukeln.

4. Strahlung der Antenne. Fließt in der Antenne, gleichgültig, ob Sender oder Empfänger, ein Strom von der Stärke I_1, so strahlt sie eine Leistung aus:

$$N_s = 1600 \cdot \left(\frac{h_1 \cdot I_1}{\lambda}\right)^2 = R_s \cdot I_1{}^2 \text{ Watt}.$$

Hier bedeutet h_1 die wirksame Antennenhöhe, die bei einem einzelnen, frei und senkrecht hoch geführten Draht von der Länge l gleich $\frac{2}{\pi} \cdot l$, bei Antennen mit Querdrähten gleich der tatsächlichen Höhe ist, gemessen von der obersten geerdeten Fläche aus (Dach!). R_s nennt man Strahlungswiderstand.

5. Feld einer Antenne. Das elektromagnetische Feld, das in der durch den Fuß der strahlenden Antenne gehenden wagrechten Ebene auftritt, kann man für einen Punkt in der Entfernung r Zentimeter durch die Stärke des magnetischen Anteils darstellen:

$$\mathfrak{H} = 0{,}4\,\pi \cdot \frac{h_1 \cdot I_1}{\lambda \cdot r} \text{ Linien/cm}^2.$$

Hier ist wieder h_1 die wirksame, nicht die mit dem Metermaß gemessene Höhe.

Ebensogut kann man die Stärke des elektrischen Feldes angeben:

$$\mathfrak{E} = 300\,\mathfrak{H} = 120\,\pi \cdot \frac{h_1 \cdot I_1}{\lambda \cdot r} \text{ Volt/cm}.$$

6. Stärke des Empfanges. Wird der Empfangsdraht von der wirksamen Höhe h_2 Zentimeter von den Linien des magnetischen Feldes geschnitten, so entsteht in ihm eine Emk der Induktion:

$$e_2 = \frac{d\Phi_2}{dt} \cdot 10^{-8} \text{ Volt}.$$

Die Antenne und der Rahmen.

Die Zahl der während einer Periode T hindurchschneidenden Linien beträgt

$$\Phi_2 = h_2 \cdot \lambda \cdot \mathfrak{H}.$$

Da $\lambda = c \cdot T$, so wird schließlich der Effektivwert

$$E_2 = 10^{-8} \cdot \frac{\Phi_2}{T_2} = 10^{-8} \cdot \frac{h_2 \cdot c \cdot T \cdot \mathfrak{H}}{T} = c \cdot h_2 \cdot \mathfrak{H} \cdot 10^{-8},$$

$$E_2 = 300 \cdot h_2 \cdot \mathfrak{H} = 120 \pi \cdot \frac{h_1 \cdot h_2}{\lambda \cdot r} \cdot I_1 \text{ Volt}.$$

Hier werden alle Längen in beliebigem, aber gleichem Maß gerechnet, z. B. in m.

Besitzt der abgestimmte Empfangskreis den **Widerstand** R_2, so fließt in ihm ein **Strom**

$$I_2 = \frac{E_2}{R_2} = 120 \pi \cdot \frac{h_1 \cdot h_2}{\lambda \cdot r} \cdot \frac{I_1}{R_2} \text{ Ampere}.$$

Dasselbe Ergebnis liefert die Berechnung mit Hilfe des elektrischen Feldes, wenn man beachtet, daß dieses in einem Leiter von der Länge h_2 die Emk $\mathfrak{E} \cdot h_2$ erzeugt.

Nach der Formel ist die Übertragung um so besser, je höher die beiden Antennen sind, je stärker der Senderstrom und je kürzer die Welle ist.

7. Rahmen als Sender. Eine Spule (Rahmensender) mit w_1 Windungen entwickelt ein Feld, das in der Entfernung r cm die Stärke hat

$$\mathfrak{H} = 0{,}8\,\pi^2 \cdot \frac{h_1 \cdot l_1 \cdot w_1}{\lambda^2 \cdot r} \cdot I_1 \text{ Linien/cm}^2$$

bzw. $\quad\mathfrak{E} = 300\,\mathfrak{H}$ Volt/cm,

wo l_1 die Länge, h_1 die Höhe des Rahmens, λ die Wellenlänge in cm ist.

8. Rahmen als Empfänger. Bringt man eine Empfangsspule mit w_2 Windungen in ein magnetisches Wechselfeld, so wird in ihr eine Emk induziert:

$$E_2 = \omega \cdot w_2 \cdot \Phi_2 \cdot \cos \alpha \cdot 10^{-8} \text{ Volt},$$

wobei α der Winkel zwischen der Rahmenebene und der Verbindungslinie des Senders und Empfängers; ferner

$$\omega = \frac{2 \pi c}{\lambda}; \quad \Phi_2 = F \cdot \mathfrak{H} \quad \text{und} \quad F = h_2 \cdot l_2.$$

F ist die von der Spule umschlossene Fläche in cm², somit wird

$$E_2 = 600\,\pi \cdot \frac{h_2 \cdot l_2 \cdot w_2}{\lambda} \cdot \mathfrak{H} \cdot \cos \alpha.$$

Je nach der Art des Senders ist $\mathfrak{H}$ verschieden:
Antenne als Sender:

$$\mathfrak{H} = 0,4\,\pi \cdot \frac{h_1}{\lambda \cdot r} \cdot I_1\,;$$

Rahmen als Sender:

$$\mathfrak{H} = 0,8\,\pi^2 \cdot \frac{h_1 \cdot l_1 \cdot w_1}{\lambda^2 \cdot r} \cdot I_1.$$

9. Eigenwelle des Rahmens. Die Eigenwelle eines Rahmens kann man nach der Formel von Lenz berechnen:

$$\lambda = \frac{\pi}{2} \cdot l \cdot \sqrt{4{,}6 \log \frac{r}{b} + 2} \cdot \sqrt{\frac{\varepsilon_i + \varepsilon_a}{2}}.$$

Dabei sind ε_i und ε_a die Dielektrizitätskonstanten des Stoffes inner- und außerhalb der Spule, l ist die Länge des aufgewickelten Drahtes, r der Halbmesser eines Kreises, der denselben Umfang hat wie der Rahmen, b die Breite des Rahmens.
Erfahrungsgemäß ist

$$\lambda = 4\,l \text{ bis } 6\,l.$$

Beim Abstimmen schalte man nur wenig Kapazität zu, lieber nehme man mehr Windungen oder man verlängere durch eine Spule, da dann die Dämpfung geringer wird.

G. Der Detektor und die Röhre.

Um den hochfrequenten Wechselstrom hörbar zu machen, ist ein Gleichrichter nötig. Als solcher dient entweder der Detektor oder die Elektronenröhre in der Audionschaltung. Die Röhre dient ferner als Verstärker und Schwingungserzeuger.

1. Detektor. Das Verhalten des Detektors ergibt sich aus seiner Kennlinie (Abb. 31). Legt man eine Gleichspannung U an, die von etwa $-0{,}5$ über 0 auf $+0{,}5$ Volt geändert werden kann, so erhält man nebenstehende Stromkurve. Wird dieser Detektor in einen Wechselstromkreis geschaltet, so unterdrückt er die negative Stromhälfte fast ganz; die positive Stromhälfte

Der Detektor und die Röhre. 33

wird ein wenig verzerrt. Durchfließt dieser Strom nun eine Spule, so schleift deren Induktivität die einzelnen Zacken ab, und es entsteht bei ungedämpften Senderwellen ein reiner Gleichstrom, dem sich bei beeinflußten Wellen ein tonfrequenter Wechselstrom überlagert, der den Verlauf der beeinflussenden Schwingung (Sprache, Musik, Tonfunken usw.) zeigt.

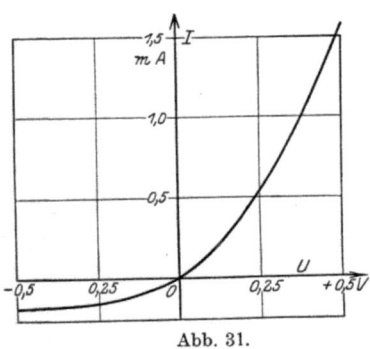
Abb. 31.

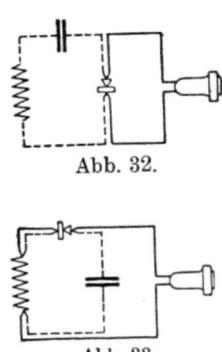
Abb. 32.

Abb. 33.

2. Schaltung des Detektors. Damit die beiden wichtigen Ströme, nämlich der Hochfrequenz- und der Tonfrequenzstrom, sich richtig ausbilden können, wendet man die Schaltungen Abb. 32 und 33 an. Der Kondensator dient hier einmal zum Leiten der Hochfrequenz, das andere Mal zum Absperren der Tonfrequenz.

3. Röhre als Verstärker. Auch das Verhalten der Röhre sieht man am klarsten aus ihren Kennlinien. Legt man an das Gitter eine von etwa -10 Volt über 0 bis $+10$ Volt veränderliche Gleichspannung U_g an, hält die Heizung I_h, U_h und die Anodenspannung U_a konstant und beobachtet den Anodenstrom I_a, so erhält man Kurven

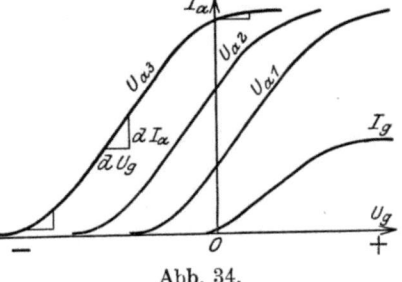
Abb. 34.

(Abb. 34), die mit zunehmender Größe von U_a immer weiter nach links wandern.

Mühlbrett, Funktechn. Aufgaben. 3

4. Steilheit. Ändert man nun die Gitterspannung U_g um kleine Beträge dU_g, so ändert sich auch der Anodenstrom I_a um geringe Beträge dI_a, die aber je nach der gewählten Kurvenstelle verschieden sind. Das größte dI_a findet man im steilsten Teil der Kurven. Die „kleinen Änderungen" dU_g sind aber nichts anderes als die zu verstärkenden schwachen Wechselspannungen u_g, und die Werte dI_a sind die verstärkten Anodenströme i_a. Da letztere recht groß sein sollen, so wählt man den steilsten Kurventeil als Arbeitsgebiet und bemißt dessen Wert durch die **Steilheit**

$$S = \frac{dI_a}{dU_g} = \frac{i_a}{u_g}.$$

5. Durchgriff, Verstärkung. Auf die der Kathode entströmenden Elektronen wirken sowohl die Anode wie das Gitter ein. Ein zahlenmäßiger Ausdruck hierfür ist der **Durchgriff** D, der sich aus Abb. 34 entnehmen läßt. Eine Änderung der Anodenspannung von U_{a_1} auf U_{a_2}, also um $U_{a_2} - U_{a_1} = u_a$ verschiebt die Kurve um eine Strecke nach links, die man am Maßstab der Gitterspannung zu u_g ablesen kann. Dann bezeichnet man als Durchgriff das Verhältnis

$$D = \frac{u_g}{u_a}.$$

Oft multipliziert man noch mit 100 und gibt dann D in $^0/_0$ an.

Eine Spannungsänderung u_g am Gitter hat danach auf den Anodenstrom dieselbe Wirkung wie eine Spannungsänderung u_g/D an der Anode. Man braucht also am Gitter nur den D-ten Teil wie an der Anode und nennt daher $1/D$ die **Spannungsverstärkung** der Röhre.

6. Innerer Widerstand. Eine Änderung der Anodenspannung um u_a erzeugt eine Änderung des Anodenstroms um i_a. Nach dem Ohmschen Gesetz bezeichnet man dann als **Widerstand der Röhre** gegen Stromänderungen (oder Wechselstrom) das Verhältnis

$$R_i = \frac{u_a}{i_a}.$$

Multipliziert man die letzten drei Gleichungen miteinander, so ergibt sich

$$S \cdot D \cdot R_i = 1.$$

Der Detektor und die Röhre.

7. Güte. Für die Beurteilung der Röhre kommen vor allem die Steilheit S und die Spannungsverstärkung $1/D$ in Frage. Daher erklärt Barkhausen als Güte einer Röhre den Ausdruck

$$G_r = S \cdot \frac{1}{D}.$$

Da der verstärkte Anodenstrom dI_a um so größer ist, je höher dU_g, so schaltet man, wenn es irgend möglich ist, einen Transformator vor das Gitter. Dieser hat die Aufgabe, bei möglichst geringem Leistungsaufwand $U_1 \cdot I_1$ eine recht hohe Sekundärspannung U_2 zu liefern. Als Güte des Transformators sieht man daher an

$$G_t = \frac{U_2^2}{U_1 \cdot I_1}.$$

8. Verstärkungsgrad. Als Verstärkungsgrad einer solchen Einheit, Transformator + Röhre, gibt man an

$$W = \sqrt{\frac{N_a}{N_t}},$$

wo N_a die im Anodenkreis gewonnene verstärkte Leistung, N_t die dem Transformator zugeführte unverstärkte Leistung ist. Letzterer Ausdruck läßt sich umformen in

$$W = \frac{1}{2} \cdot \sqrt{G_r \cdot G_t}$$

9. Heizmaß. Je stärker man die Röhre heizt, um so mehr Elektronen gibt sie her. Als Heizmaß, das einen Maßstab für die zu erwartende Lebensdauer abgibt, bezeichnet man

$$H = \frac{I_e}{I_h \cdot U_h}.$$

Hier bedeuten I_e den gesamten Elektronenstrom (Gitter- + Anodenstrom), gemessen bei genügend hoher Spannung; I_h und U_h Heizstrom bzw. -spannung.

10. Gitterstrom. Ergänzt man Abb. 34 durch Aufnahme des Gitterstromes I_g, so sieht man, daß dieser eigentlich nur bei positiver Gitterspannung fließt. Bei $U_g = 0$ ist er schon sehr schwach und bei $U_g = -1$ Volt verschwindet er praktisch. Um die schwache Stromquelle bzw. den Transformator möglichst wenig zu belasten, wird man daher dem Gitter eine negative Vorspannung geben.

Kehrt der Gitterstrom bei negativem U_g und hoher Anodenspannung sein Vorzeichen um, so ist dies ein Beweis für das Auftreten von Ionen, d. h. für das Vorhandensein von Gas. Man bezeichnet als **Vakuumfaktor** das Verhältnis

$$V = \frac{I_g}{I_a}.$$

Er soll erfahrungsgemäß kleiner sein als 10^{-4}.

11. Audion. Schaltet man vor das Gitter der Röhre einen Kondensator, dann wird das Gitter abgesperrt, und seine Ladung kann nicht abfließen. Schließt man es nun an eine Wechselspannung an, so wird deren positive Hälfte so lange Elektronen auf das Gitter locken, bis es stark negativ geladen ist. Die Folge ist eine Verringerung, vielleicht gar eine Unterbrechung des Anodenstroms. Damit sich aber nach dem Abschalten der Wechselspannung das Gitter wieder entladen kann, überbrückt man den Kondensator oder den Weg Gitter—Kathode durch einen Widerstand. Je größer dieser, um so langsamer fließen die Elektronen ab, um so negativer wird das Gitter. Eine Grenze der „Negativität" ist jedoch dadurch gegeben, daß im Innern der Röhre noch so viel Gitterstrom fließen muß, daß das Abströmen über den Widerstand ausgeglichen wird. Diese Abnahme des Anodenstroms während der Dauer des Wechselstroms und sein Wiederansteigen in der Zwischenzeit macht sich im Milliamperemeter und im Hörer bemerkbar.

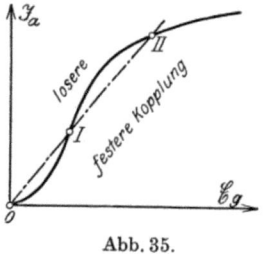

Abb. 35.

12. Schwingungserzeugung. Legt man an das Gitter der Röhre eine Wechselspannung u_g, so entsteht im Anodenkreis ein Wechselstrom i_a. Den Zusammenhang zwischen den Höchst- oder Effektivwerten dieser beiden Größen bezeichnet man als **Schwingkennlinie** (Abb. 35). Leitet man den Wechselstrom durch irgendeine Koppelvorrichtung wieder dem Gitter zu, so kann man die fremde Wechselstromquelle nunmehr

Der Detektor und die Röhre.

entbehren. Den Zusammenhang zwischen dem Anodenwechselstrom und der durch die Kopplung hervorgerufenen Gitterspannung nennt man die Rückkopplungslinie. Sie ist meistens eine Gerade. Abb. 35 enthält eine Schwingkennlinie und eine Rückkopplungsgerade. Als Abszisse bzw. Ordinate sind die Höchstwerte der — sinusförmig verlaufenden — Gitterspannung bzw. Anodenstromstärke gewählt. Beide Linien schneiden sich dreimal; zuerst im Nullpunkt, der hier nicht interessiert; sodann in den Punkten I und II. Im Punkt I besteht Gleichgewicht zwischen $\mathfrak{E}_g$ und $\mathfrak{J}_a$. Wenn aber zufällig $\mathfrak{J}_a$ ein wenig wächst oder abnimmt, dann arbeitet sich die Schwingung zum Punkt II hinauf oder nach 0 hinab: I ist ein labiler Punkt. Die Kurve zeigt noch mehr: Sind die ursprünglichen Schwingungen schwächer als dem Punkt I entspricht, dann reißen sie nach dem Abschalten der Wechselstromquelle ganz ab. Eine Selbsterregung ist bei schwachem Anstoß nicht möglich. Nur wenn der erste Anstoß genügend stark ist, so daß man gleich über den Punkt I hinauskommt, können dauernde Schwingungen auftreten, entsprechend dem Punkt II.

Dieses Anspringen der Schwingungen ist meistens unerwünscht. Durch positive Gittervorspannung bzw. geringere Anodenspannung kann man den Nullpunkt in die Gegend des Wendepunktes legen. Macht man die Rückkopplung ganz lose, wobei die Rückkopplungslinie mit der $\mathfrak{J}_a$-Achse zusammenfällt, so hat man keine Schwingungen. Durch Festerziehen der Kopplung dreht sich die Gerade nach rechts; sie fällt schließlich mit der Wendetangente zusammen, wo die Schwingungen eben einsetzen möchten; bei festerer Kopplung läuft die Gerade noch flacher und schneidet die Schwingkennlinie. Das ist der Zustand des Schwingens. Man erhält somit einen ganz weichen Übergang von kleinen zu großen Schwingungen, wie es für Telephonieempfang gut ist. Hier wird man die Rückkopplungslinie mit der Wendetangente zusammenfallen lassen.

II. Aufgaben.

A. Der Leitungsstrom.

1.

Eine normale Verstärkerröhre trägt die Angaben für die Heizung: $I_h = 0{,}5$ A; $U_h = 3$ V.
a) Wie groß ist der Widerstand des Heizdrahtes?
b) Welche Leistung verzehrt er?
c) Welche Wärme entwickelt er in 1 Sekunde?
d) Welche Elektrizitätsmenge fließt in 10 Stunden hindurch?
e) Welche Arbeit verbraucht er in 1 Woche bei täglich zweistündigem Betrieb?
f) Welche Kosten entstehen bei e, wenn man 50 Pf für die Kilowattstunde rechnet?

2.

Dieselben Größen sind zu berechnen für eine Sparröhre $I_h = 60$ mA; $U_h = 2{,}7$ V.

3.

Ein Bleiakkumulator mit zwei hintereinander geschalteten Zellen soll an einem Netz von 110 V geladen werden. Die Spannung einer völlig entladenen Zelle sei 1,8 V; sie steige am Ende der Ladung auf 2,7 V. Der Ladestrom darf 2,4 A nicht überschreiten.
a) Wie muß man schalten?
b) Wieviel Widerstand muß vorgeschaltet werden?
c) Wie lange muß man laden, wenn jede Zelle eine Kapazität von 30 Ah hat und der Wirkungsgrad 75 %/$_0$ beträgt?
d) Was kostet das Laden, wenn man die Kilowattstunde mit 0,20 M einsetzt?
e) Was kostet die dem Akkumulator zu entnehmende Kilowattstunde, wenn die mittlere Entladespannung jeder Zelle 2 V beträgt?
f) Wieviel Zellen kann man mit demselben Strom gleichzeitig laden?
g) Wie hoch stellt sich dann der Preis?

Aufgaben 4—7.

4.

Gegeben sind die beiden Verstärkerlampen wie in den Aufgaben 1 und 2:

$I_1 = 0{,}5$ A, $U_1 = 3$ V,
$I_2 = 60$ mA, $U_2 = 2{,}7$ V,

a) Wieviel Widerstand muß man jeweils vorschalten, wenn zum Heizen verwendet wird
  α) ein Akkumulator von 2 Zellen, frisch geladen, je 2,5 V,
  β) derselbe Akkumulator, ziemlich entladen, je 1,8 V,
  γ) ein Gleichstromnetz von 110 bzw. 220 V?
b) Was kostet die Brennstunde?

5.

Ein Zeigergalvanometer hat 10 Ω Widerstand und gibt bei 7,5 μA seinen vollen Zeigerausschlag.

a) Durch Anschalten eines Widerstandes soll der Meßbereich auf 7,5 mA erweitert werden. Wie ist der Widerstand zu schalten? Wie groß muß er sein?

b) Welche Spannung und welche Leistung verbraucht das Gerät und der Widerstand?

c) Welchen Fehler zeigt das Gerät bei $+12^0$, wenn die Spule aus Kupfer, der Widerstand aus Manganin besteht und alles bei $+20^0$ richtig ist?

6.

Dasselbe Gerät wie in der Aufgabe 5 mit den Konstanten 10 Ω, 7,5 μA soll als Spannungsmesser zum Bestimmen der Heiz- und Anodenspannung (7,5 bzw. 75 V) verwendet werden.

a) Wie groß muß der Schutzwiderstand sein, der mit ihm in Reihe geschaltet wird?

b) Wieviel Wärme wird in 1 Sekunde in dem Widerstand erzeugt?

c) Um wieviel Grad muß seine Temperatur steigen, wenn er um 1 $^0/_0$ größer werden soll? Baustoff: Eisen.

d) Wie groß muß dagegen der Schutzwiderstand sein, wenn der Nebenschluß nach Aufgabe 5a) fest angebaut bleibt?

7.

Die Heizbatterie steht 50 m vom Verstärker entfernt. Eine

Doppelleitung von 0,6 mm Kupferdurchmesser des einzelnen Drahtes verbindet Stromquelle und Verbraucher.
a) Wieviel Widerstand hat die Leitung?
b) Wieviel Spannung geht darin verloren, wenn 4 Röhren zu je 0,5 A (0,05 A bei Sparröhren) eingeschaltet sind?

8.

Ein Akkumulator ist für eine höchste Stromstärke von 1,2 A gebaut.
a) Wieviel Verstärkerröhren zu je 0,5 bzw. 0,06 A kann man damit betreiben?
b) Was geschieht, wenn man trotzdem mehr Lampen anschließt?

9.

Eine Stromquelle hat eine Emk $E = 10$ V und einen inneren Widerstand $R_i = 5\,\Omega$. Sie wird belastet mit einem von 0 bis ∞ veränderlichen Widerstand R. Gesucht werden für verschiedene Werte von R
a) die Stromstärke I,
b) die Klemmenspannung U an R,
c) die gesamte elektrische Leistung N_1,
d) die an R abgegebene Leistung N_2,
e) der Wirkungsgrad η
in Form einer Tabelle und in Kurvendarstellung.

10.

Es soll aus Eisendraht ein Heizstromregler von 6 Ω Widerstand für eine Dauerbelastung von 0,5 A gebaut werden.
Wie lang, wie dick, wie schwer wird der Draht?

11.

Ein Fernhörer von 2000 Ω Widerstand spricht noch auf einen Strom von 0,4 μA an.
a) Welche Leistung verbraucht er?
b) Wie groß ist die Schalleistung bei 5 $^0/_0$ Wirkungsgrad?

12.

Ein Milliamperemeter von 5 Ω innerem Widerstand mit einem Meßbereich von 0 bis 3 mA soll durch Vergleichen mit einem richtigen Gerät von 3 Ω geeicht werden.

Aufgaben 13—16.

a) Wie sind die beiden Geräte mit der Stromquelle E und dem Regulierwiderstand R zusammen zu schalten?

b) Wie groß muß R bei einem Ausschlag von 1 mA sein, wenn $E = 2$ V?

13.

Ein Voltmeter mit einem Meßbereich bis zu 150 Volt soll geeicht werden.

a) Wie sind beide Geräte zu schalten?

b) Wie groß muß R sein, wenn 220 V zur Verfügung stehen?

14.

Wie groß ist der Übergangswiderstand einer Erdplatte aus Kupfer von 1 m Durchmesser in feuchter Erde?

B. Das magnetische Feld.

15.

Ein Fernhörer hat eine kreisrunde Spule, Abb. 36, mit folgenden Wicklungsmaßen: Innendurchmesser $a = 14$ mm, Außendurchmesser $b = 25$ mm, Spulenhöhe $c = 7$ mm; quadratischer Eisenkern von 7×7 mm² und etwa 15 % Papierisolation zwischen den Blechen; Widerstand der Wicklung $R = 2000\ \Omega$.

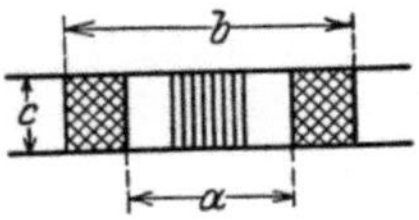

Abb. 36.

a) Wie stark ist der Kupferdraht?

b) Wieviel Windungen besitzt die Spule?

c) Welche Feldstärke $\mathfrak{H}$ herrscht im Innern bei einer Stromstärke von $I = 2$ mA?

d) Mit welcher Kraft P wird bei $\mathfrak{B} = 1250$ Linien/cm² die Platte angezogen?

e) Wie groß ist die durch einen Wechselstrom i hervorgerufene Verstellkraft dP, wenn $\mathfrak{B}$ dabei um

$$d\mathfrak{B} = \pm 100 \text{ Linien/cm}^2$$

schwankt?

16.

Der Bandlautsprecher von Siemens & Halske besitzt ein Magnetfeld von $\mathfrak{B} = 10\,000$ Linien/cm². Senkrecht darin hängt ein Aluminiumband von $l = 10$ cm Länge, das von einem

Wechselstrom durchflossen wird, dessen Höchstwert $I_{mx} = 8$ A. Welche Kraft übt dieser Strom aus?

17.

Das Bandmikrophon von Siemens & Halske besitzt als Schallaufnehmer ein Aluminiumband von $l = 70$ mm Länge, 3 mm Breite und 3 μ Dicke. Es schwingt in einem Magnetfeld von $\mathfrak{B} = 10\,000$ Linien/cm².

a) Wie groß ist die bei einem Hub von $h = 0,1$ μ durch eine Schallwelle von 1000 Perioden in der Sekunde induzierte Emk?

b) Wie stark ist der Strom, wenn die Eingangswicklung des Verstärkertransformators denselben Widerstand hat wie das Band?

18.

Die 2 Spulen eines Variometers haben gleiche Selbstinduktivität. Wie groß ist die größte und die kleinste einstellbare Induktivität?

19.

Eine Spule hat einen Durchmesser von 80 mm, eine Länge von 50 mm und trägt 1 Lage von 42 Windungen. Wie groß ist ihre Selbstinduktivität?

20.

Es sollen die Abmessungen einer Schraubenspule für $L = 180\,000$ cm gefunden werden. Vorhanden sei Draht von 0,7 mm Durchmesser einschließlich Isolation und Papprohr von 60 mm Durchmesser.

21.

Gegeben sind 10 m Draht von 0,6 mm Stärke, über Isolation gemessen. Es soll die Spule mit der größten möglichen Induktivität L gefunden werden.

22.

Ein zweipoliger Fernhörermagnet hat eine Tragkraft $P = 0,32$ kg; jeder Pol hat einen Eisenquerschnitt von $2 \times 12,5$ mm². Wie groß ist die Liniendichte $\mathfrak{B}$?

23.

Eine Spule hat entsprechend Abb. 37 einen äußeren Durch-

Aufgaben 24—28. 43

messer von 70 mm. Sie ist mit Kupferdraht von 2 mm Durchmesser mit Isolation bzw. 1,8 mm ohne Isolation bewickelt und hat einen Widerstand von 0,4 Ω. Ihre Länge ist 120 mm.
a) Wieviel Draht ist aufgewickelt?
b) Wieviel Windungen sind es?
c) Wieviel Lagen hat die Spule?

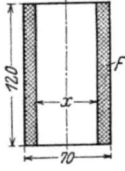

Abb. 37.

C. Das elektrische Feld.

24.

Wie groß ist die volle Kapazität eines Luftdrehkondensators mit 9 halbkreisförmigen Platten von je 5 cm Halbmesser und 1 mm Luftabstand? Für die Achse rechne man innen 1 cm ab.

25.

a) Wie groß ist die Kapazität zweier halbkreisförmigen Kondensatorplatten von je 32 cm Durchmesser? Als Dielektrikum dienen Glimmer von 0,2 mm Stärke ($\varepsilon = 7$) und Luft von 0,2 mm Stärke ($\varepsilon = 1$).
b) Mit welcher Kraft ziehen sie sich bei $U = 800$ V an?
c) Wie groß ist die Verstellkraft dP bei einer Spannungsänderung $dU = 10$ V?
d) Wie groß ist die Ladungsenergie?
e) Wie viel Gramm Kupfer kann man damit schmelzen?

26.

Ein Kondensator $C_1 = 400$ cm und ein anderer $C_2 = 0,003$ μF sind a) in Reihe, b) parallel geschaltet. Wie groß ist die gesamte Kapazität?

27.

Ein Elektron wird durch eine Spannung von U Volt von der Kathode zur Anode gezogen.
a) Mit welcher Geschwindigkeit kommt es an?
  Masse des Elektrons $m = 8{,}7 \cdot 10^{-28}$ g,
  Ladung des Elektrons $Q = 1{,}56 \cdot 10^{-19}$ As.
b) Was wird beim Aufprall aus seiner kinetischen Energie?

28.

Die Kapazität einer Leydener Flasche ist nach der Formel für einen Plattenkondensator zu berechnen. Durchmesser der

Flasche 10 cm, Höhe der Belegung 30 cm, Glasdicke 2 mm, Dielektrizitätskonstante des Glases $\varepsilon = 5{,}6$.

D. Der Wechselstrom.

29.

Gegeben ist ein Wechselstrom von der Stärke

$$i = 2{,}83 \cdot \sin 5000\, t,$$

der einen Widerstand $R = 20\,\Omega$ durchfließt. Wie groß ist
a) die Frequenz des Stromes?
b) der Höchstwert des Stromes?
c) der Effektivwert des Stromes?
d) der Augenblickswert der Spannung?
e) der Höchstwert der Spannung?
f) der Effektivwert der Spannung?

30.

Gemessen wurde in einem Wechselstromkreis $U = 40$ V, $I = 2$ A, $N = 60$ W. Wie groß ist die Phasenverschiebung zwischen der Strom- und der Spannungskurve?

31.

Eine Spule hat die Konstanten $L = 1$ H, $R = 200\,\Omega$. Wie groß ist
a) der induktive Widerstand,
b) der gesamte Widerstand,
c) der Leistungsfaktor

bei verschiedenen Frequenzen; etwa $f = 0$, 10, 100, 1000 und 10000 Hertz?

32.

Eine Wechselstrommaschine mit 40 Polen macht 1500 Umdrehungen in der Minute.
a) Wie groß ist ihre Frequenz?
b) Wie groß ist ihre Winkelgeschwindigkeit bzw. Kreisfrequenz ω?
c) Wie lange dauert ihre Periode?
d) Wie lang ist die zugehörige Welle?

Aufgaben 33—36.

Die Maschine hat $z = 200$ induzierte Drähte auf ihrem Anker, jeder Pol führt 10^4 magnetische Linien.
e) Wie groß ist der Höchstwert der induzierten Emk?

33.

Eine Leydener Flasche hat eine Kapazität von 1000 cm. Wieviel Strom fließt in ihrer Zuleitung bei einer effektiven Wechselspannung von 9000 V und 500 Hertz?

34.

Wie groß ist der scheinbare Widerstand eines Kondensators mit einer Kapazität von $C = 1000$ cm bzw. $C = 1\,\mu\mathrm{F}$ bei Wechselstrom verschiedener Frequenz, etwa $f = 0$, 10, 100, 1000, 10000, 10^5, 10^6 Hertz?

E. Der Schwingungskreis.

35.

Vorhanden ist ein Schwingungskreis mit einem Kondensator von $C = 400$ cm Kapazität und einer Spule von $L = 90000$ cm Induktivität.
a) Wie groß ist seine Kreisfrequenz?
b) Wie groß ist seine Frequenz?
c) Wie lange dauert seine Eigenperiode?
d) Wie lang ist seine Eigenwelle?

36.

Zu einer Spule von $L = 1$ H und $R = 200\,\Omega$ wird ein Kondensator mit $C = 2250$ cm Kapazität parallel geschaltet.
a) Wie groß ist die Eigenfrequenz des Kreises?
b) Wie groß ist sein Widerstand als Sperrkreis?
c) Wie groß ist der Widerstand der Spule allein bei dieser Frequenz?
d) Wie groß ist der Dämpfungsfaktor?
e) Wie groß ist das Dekrement?
f) Nach wieviel Schwingungen ist infolge der Eigendämpfung der Höchstwert auf $5^0/_0$ des Anfangswertes gesunken?

37.

Man berechne den Fehler, den man begeht, wenn man $\omega_d = \omega_0$ setzt, abhängig von d, etwa für

$$d = 0;\ 0,1;\ 0,2 \ldots \text{bis } 1,0.$$

38.

Ein Schwingungskreis enthält einen Kondensator von $C = 500$ cm, er besitzt ein Dekrement $d = 0,1$ und schwingt mit einer Welle $\lambda = 400$ cm. Die Stromquelle führt ihm dauernd 0,6 kW zu.

a) Wie groß ist die Selbstinduktivität?
b) Wie groß ist der dämpfende Widerstand?
c) Wie groß ist der Höchstwert des Stromes?
d) Wie groß ist der Höchstwert der Spannung?
e) Wie groß ist die Spannung am Widerstand?

39.

Gegeben ist ein Schwingungskreis mit den Größen $C = 490$ cm, $L = 100000$ cm, $R = 15\ \Omega$. Zu berechnen sind für verschiedene Frequenzen zwischen $\frac{3}{4}\lambda_0$ und $\frac{4}{3}\lambda_0$ bei $E = 1000$ V:

a) der Widerstand $\mathfrak{R}'$ bei Reihenschaltung mit der Stromquelle,
b) die Stromstärke I',
c) der Widerstand $\mathfrak{R}''$ bei Nebenschaltung der Stromquelle,
d) die Stromstärke I''.
e) Man zeichne die Resonanzkurven $\mathfrak{R}'$, I', $\mathfrak{R}''$, I'', abhängig von der Frequenz und berechne das Dekrement aus den Kurven.
f) Wie groß ist die Abstimmschärfe?

40.

An einem Funkensender wurde gemessen:
vor dem Koppeln des Schwingungskreises mit der Antenne:

$$f = 100000 \text{ Hertz};$$

nach dem Koppeln:

$$f_1 = 103000 \text{ Hertz};\quad f_2 = 97000 \text{ Hertz}.$$

Wie fest ist die Kopplung? Die Dekremente der ungekoppelten Kreise seien gleich.

Aufgaben 41—47.

41.

Ein Fernhörer hat einen Widerstand von 4000 Ω und eine Selbstinduktivität von 0,6 H.

a) Wie groß ist der induktive Widerstand bei der Frequenz $f = 1000$ Hertz?
b) Wie groß ist der gesamte Widerstand?
c) Wie groß ist der Leistungsfaktor?
d) Wie groß ist der Kondensator, den man zur Erzielung von Resonanz parallel schalten muß?
e) Wie groß ist der Resonanzwiderstand?

F. Die Antenne und der Rahmen.

42.

Gegeben ist eine Antenne mit dem Dekrement $d = 0,1$ und ein Zwischenkreis mit $d = 0,01$.

a) Wie groß ist die Abstimmschärfe der Antenne allein?
b) Wie groß ist die Abstimmschärfe des Empfängers mit Zwischenkreis?

43.

Wie hoch darf die Antenne höchstens sein, wenn sie für eine Wellenlänge von 400 m passen soll?

44.

Wieviel Selbstinduktivität muß man einschalten, um eine Antenne von 100 m Höhe (1 Draht von 4 mm Stärke) auf 600 m abzustimmen?

45.

Welche Kapazität muß man einschalten, um mit einer 100 m hohen Antenne Wellen von 292 m aufnehmen zu können?

46.

Mit der 100 m-Antenne soll eine Welle von 2000 m aufgenommen werden. Vorhanden ist ein Kondensator von 723 cm.
Wie groß wird die Verlängerungsspule?

47.

Wie groß ist der Strahlungswiderstand und die Strahlungsleistung einer Antenne von 40 m wirksamer Höhe bei Wellenlängen von 200 bis 1000 m, wenn die Stromstärke stets 10 A beträgt?

48.
Wie stark ist das elektrische Feld dieser Antenne in 10 km Entfernung, wenn sie auf denselben Wellen mit $I_1 = 10$ A gibt?

49.
Wie hoch ist die Spannung, der Strom, die aufgenommene Leistung und der Wirkungsgrad der Übertragung in einer Empfangsantenne von 10 m wirksamer Höhe und 20 Ω Widerstand?

50.
Die Abmessungen eines Empfangsrahmens für Wellen von 300 m aufwärts sind zu berechnen.

51.
Wie stark sind die Emk und die Stromstärke in diesem Rahmen, wenn der obige Sender auf $\lambda = 400$ m in $r = 10$ km Entfernung gibt?

52.
Wie hoch muß eine Antenne sein, die eine ebenso große Emk besitzt wie der Rahmen der vorigen Aufgabe?

53.
Um die Konstanten einer Antenne zu bestimmen, wurden folgende Schaltungen und Messungen gemacht:

1. Antenne allein, Eigenwelle $\lambda_e = 352$ m, Galvanometerausschlag im Detektorkreis $\alpha_1 = 54^0$.
2. In der Antenne $R_z = 20\ \Omega$; $\lambda_e = 352$ m; $\alpha_2 = 30^0$.
3. In Reihe mit der Antenne $C = 400$ cm. Die Welle verkürzt sich auf $\lambda_1 = 236$ m.
4. In Reihe mit der Antenne eine Spule mit $L = 17000$ cm Induktivität. Die Welle wächst auf $\lambda_2 = 396$ m.

a) Wie groß ist der Widerstand R_e?
b) Wie groß ist die Kapazität?
c) Wie groß ist die Induktivität?
d) Wie groß ist das Dekrement der Antenne?

G. Der Detektor und die Röhre.

54.
Die Kennlinie eines Detektors ist durch die nachfolgenden Zahlenwerte bzw. durch Abb. 31 gegeben.

Aufgabe 55.

a) Welche Stromkurve ergibt sich, wenn man eine sinusförmige Spannung mit dem Höchstwert $U_{mx} = 0,4$ V anlegt?
b) Wie groß ist der Mittelwert des Gleichstroms?

Kennlinie eines Detektors.

U	I
Volt	mA
— 0,5	— 0,19
— 0,4	— 0,18
— 0,3	— 0,16
— 0,2	— 0,12
— 0,1	— 0,08
0	0
+ 0,1	+ 0,16
+ 0,2	+ 0,40
+ 0,3	+ 0,72
+ 0,4	+ 1,11
+ 0,5	+ 1,58

55.

Der Detektorkreis nach Abb. 32 bzw. Abb. 33 enthält eine Spule mit einer Selbstinduktivität $L_s = 100\,000$ cm, die durch einen (nicht gezeichneten) Drehkondensator auf $\lambda = 400$ m abgestimmt wird. Der Hörer hat eine Selbstinduktivität $L_h = \dfrac{1}{\pi}$ Henry und einen Verlustwiderstand $R = 2000\,\Omega$. Der Detektor habe einen Widerstand von $3000\,\Omega$.

a) Welchen Widerstand bietet der Hörer den hochfrequenten Schwingungen?

b) Welchen Widerstand setzt er tonfrequenten Schwingungen ($f = 1000$) entgegen?

c) Wie groß muß der zum Hörer parallel liegende Kondensator sein, wenn sein kapazitiver Widerstand gegen den Hochfrequenzstrom klein gegen den Detektorwiderstand sein soll, also etwa gleich $300\,\Omega$?

d) Wie groß muß der Sperrkondensator in Abb. 32 sein, damit er Hochfrequenz gut durchläßt, Tonfrequenz aber absperrt?

e) Welchen Widerstand bietet die Spule den tonfrequenten Strömen?

56.

An einer Verstärkerröhre wurden im Laboratorium die folgenden Kennlinien aufgenommen:

Heizstrom $I_h = 0,48$ A konstant,
Heizspannung $U_h = 2,9$ V konstant.

U_a	= 150 V	= 200 V
U_g Volt	I_a mA	I_a mA
— 15	0,04	0,32
— 14	0,07	0,40
— 13	0,11	0,49
— 12	0,16	0,58
— 11	0,22	0,68
— 10	0,29	0,78
— 9	0,36	0,89
— 8	0,44	0,99
— 7	0,53	1,09
— 6	0,62	1,19
— 5	0,72	1,28
— 4	0,83	1,36
— 3	0,94	1,43
— 2	1,04	1,50
— 1	1,14	1,56
0	1,24	1,61
+ 1	1,32	1,65
+ 2	1,40	1,67

Zu berechnen ist:
a) Die Steilheit der Kennlinie,
b) der Durchgriff der Röhre,
c) die Spannungsverstärkung,
d) der innere Widerstand,
e) die Güte,
f) das Heizmaß.

57.

Der Gitterstrom I_g einer Elektronenröhre ergab bei der Messung folgende Werte (vgl. Abb. 44):

$I_h = 0,48$ A, $U_h = 2,9$ V, $U_a = 100$ V.

$U_g =$	— 1,0	— 0,8	— 0,6	— 0,4	— 0,2	0	+ 0,2 Volt
$I_g =$	0,012	0,025	0,05	0,1	0,2	0,4	0,8 µA

Welche Gitterspannung stellt sich ein, wenn man Gitter und Kathode durch einen Widerstand R verbindet? R sei zwischen

Aufgaben 58—64.

10^5 und 10^7 Ohm veränderlich. Welches ist der geeignetste Gitterwiderstand?

58.

Wie kann man einen **Detektor** zum Messen kleiner Wechselspannungen benutzen?

59.

Wie kann man eine **Elektronenröhre** zum Messen kleiner Wechselspannungen benutzen?

60.

Bei Widerstandskopplung von Verstärkerröhren liegt im Anodenkreis ein Widerstand R_a, dessen Klemmenspannung $i \cdot R_a$ an das Gitter der nächsten Röhre geleitet wird. Wenn der innere Widerstand der Röhre $R_i = 50\,000\ \Omega$ ist, wie hoch wählt man dann R_a?

61.

Welchen Anforderungen muß eine Drosselspule genügen, die bei Mehrfachverstärkern statt des Widerstandes der vorigen Aufgabe im Anodenkreis liegt?

62.

Welche Widerstände und welche Übersetzung sollen die Transformatoren eines Tonfrequenzverstärkers mit 2 Röhren haben? Der als Stromquelle anzusehende Detektor habe $5000\ \Omega$ Widerstand, die Röhre habe $R_g = 10^6\ \Omega$ zwischen Gitter und Kathode, $R_a = 40\,000\ \Omega$ zwischen Anode und Kathode, der Hörer habe $\mathfrak{R}_T = 5000\ \Omega$ Gesamtwiderstand. Wie groß ist die Verstärkung?

63.

a) Welche Eigenschaften muß der in der Doppelverstärkungsschaltung (Abb. 46, Seite 89) verwendete Transformator haben, der die vom Detektor kommenden Ströme dem Gitter wieder zuführt?

b) Wie groß muß die Kapazität des überbrückenden Kondensators sein?

64.

Alte Anodenbatterien haben oft einen hohen inneren Widerstand, der bei Mehrröhrenverstärkern zu unerwünschter Rückkopplung Anlaß gibt. Wie groß muß man den Überbrückungskondensator wählen, wenn sein kapazitiver Widerstand bei $f = 1000$ Hertz höchstens $\dfrac{100}{\pi}\ \Omega$ betragen darf?

III. Lösungen.
A. Der Leitungsstrom.

1. a) Nach dem Ohmschen Gesetz ist der Widerstand
$$R_h = \frac{U_h}{I_h} = \frac{3}{0,5} = 6\ \Omega.$$
b) Die verbrauchte Leistung beträgt
$$N_h = U_h \cdot I_h = 3 \cdot 0,5 = 1,5\ \text{W}.$$
c) Die entwickelte Wärme findet man zu
$$Q'_w = c \cdot A = c \cdot N \cdot t = 0,239 \cdot 1,5 \cdot 1 = 0,359\ \text{cal}.$$
d) Die durchfließende Elektrizitätsmenge ist
$$Q = I \cdot t = 0,5 \cdot 10 = 5\ \text{Ah}.$$
e) Die Wochenarbeit wird
$$A = N \cdot t = 1,5 \cdot 7 \cdot 2 = 21\ \text{Wh}.$$
f) Diese Arbeit kostet
$$K = \frac{50}{1000} \cdot 21 = 1,05\ \text{Pf}.$$

2. Dieselben Formeln wie oben ergeben:

a) $\quad R_h = \dfrac{2,7}{0,06} = 45\ \Omega.$

b) $\quad N_h = 2,7 \cdot 0,06 = 0,16\ \text{W}.$

c) $\quad Q_w = 0,239 \cdot 0,16 \cdot 1 = 0,0382\ \text{cal}.$

d) $\quad Q = 0,06 \cdot 10 = 0,6\ \text{Ah}.$

e) $\quad A = 0,16 \cdot 7 \cdot 2 = 2,2\ \text{Wh}.$

f) $\quad K = \dfrac{50}{1000} \cdot 2,2 = 0,11\ \text{Pf}.$

Lösung 3.

3. a) Nach Abb. 38, Netzpluspol mit Batteriepluspol verbinden!
b) Zwei leere Zellen haben eine Spannung von $2 \cdot 1{,}8 = 3{,}6$ V; das Netz hat 110 V; der Unterschied $U = 110 - 3{,}6 = 106{,}4$ V muß im Widerstand R vernichtet werden.

$$R = \frac{U}{I} = \frac{106{,}4}{2{,}4} = 44{,}3 \; \Omega$$

oder rund $50 \, \Omega$.

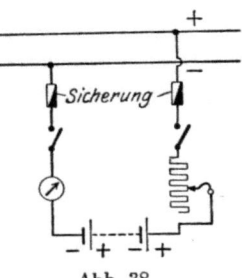

Abb. 38.

c) Da beide Zellen mit demselben Strom gleichzeitig geladen werden, so braucht man nur die Zeit für 1 Zelle auszurechnen.

$$t = \frac{Q}{\eta \cdot I} = \frac{30}{0{,}75 \cdot 2{,}4} = 16{,}7 \text{ h}.$$

d) Es wird insgesamt während dieser 16,7 Stunden eine Arbeit verbraucht

$$A = N \cdot t = 110 \cdot 2{,}4 \cdot 16{,}7 = 4400 \text{ Wh},$$
$$= 4{,}4 \text{ kWh}.$$

Daraus errechnet man die Kosten

$$K = 4{,}4 \cdot 0{,}20 = 0{,}88 \text{ M}.$$

e) Die mittlere Spannung beider Zellen zusammen beträgt $2 \cdot 2 = 4$ V; sie vermögen 30 Ah abzugeben und verrichten dabei eine Nutzarbeit

$$A = N \cdot t = U \cdot I \cdot t = U \cdot Q = 4 \cdot 30 = 120 \text{ Wh}.$$

Nach d kostet diese

$$K = 0{,}88 \text{ M}.$$

Daraus folgt für 1 kWh

$$K_1 = 0{,}88 \frac{1000}{120} = 7{,}33 \text{ M}.$$

f) Jede Zelle braucht bis zu 2,7 V; an 110 V kann man also

$$z = \frac{110}{2{,}7} = 40 \text{ Zellen}$$

laden.

g) Die gesamten Ladekosten sind dieselben wie vorher, nämlich 0,88 M, da alle 40 Zellen in Reihe geschaltet und von demselben Strom geladen werden. Für die einzelne Zelle betragen sie nur noch den zwanzigsten Teil; die Kilowattstunde kostet also nur noch

$$K_1 = \frac{7,33}{20} = 0,37 \text{ M.}$$

4. a) Die überschüssige Spannung beträgt bei der:

Normalröhre α) $U = 5 - 3 = 2$ V,
Sparröhre $U = 5 - 2,7 = 2,3$ V,
Normalröhre β) $U = 3,6 - 3 = 0,6$ V,
Sparröhre $U = 3,6 - 2,7 = 0,9$ V,
Normalröhre γ) $U = 110 - 3 = 107$ V,
Sparröhre $U = 110 - 2,7 = 107,3$ V,
Normalröhre δ) $U = 220 - 3 = 217$ V,
Sparröhre $U = 220 - 2,7 = 217,3$ V.

Demnach ist vorzuschalten:

Normalröhre

Sparröhre

α) $R = \dfrac{I}{U} = \dfrac{2}{0,5} = 4 \; \Omega$, $R = \dfrac{2,3}{0,06} = 38 \; \Omega$,

β) $R = \dfrac{0,6}{0,5} = 1,2 \; \Omega$, $R = \dfrac{0,9}{0,06} = 15 \; \Omega$,

γ) $R = \dfrac{107}{0,5} = 214 \; \Omega$, $R = \dfrac{107,3}{0,06} = 1789 \; \Omega$,

δ) $R = \dfrac{217}{0,5} = 434 \; \Omega$, $R = \dfrac{217,3}{0,06} = 3622 \; \Omega$.

In allen Fällen wähle man mit Rücksicht auf ungleichen Ausfall der Röhren den Widerstand um 30 bis 50 % höher.

b) Die Kosten der Brennstunde ergeben sich aus der Gesamtspannung E (Akkumulator 4 V, Netz 110 bzw. 220 V), der Stromstärke I, der Zeit $t = 1$ h und dem Preis der Kilowattstunde; dieser sei 7,33 Pf für Akkumulatorbetrieb (wie bei Aufgabe 3 errechnet) und 50 Pf bei Netzanschluß.

Lösung 5.

Normalröhre

Akkumulator $K = 4 \cdot 0{,}5 \cdot 1 \cdot \dfrac{733}{1000} = 1{,}47$ Pf.

Netz 110 V $\quad K = 110 \cdot 0{,}5 \cdot 1 \cdot \dfrac{50}{1000} = 2{,}75$ „

Netz 220 V $\quad K = 220 \cdot 0{,}5 \cdot 1 \cdot \dfrac{50}{1000} = 5{,}50$ „

Sparröhre

Akkumulator $K = 4 \cdot 0{,}06 \cdot 1 \cdot \dfrac{733}{1000} = 0{,}18$ Pf.

Netz 110 V $\quad K = 110 \cdot 0{,}06 \cdot 1 \cdot \dfrac{50}{1000} = 0{,}33$ „

Netz 220 V $\quad K = 220 \cdot 0{,}06 \cdot 1 \cdot \dfrac{50}{1000} = 0{,}66$ „

Da bei Netzanschluß sehr viel im Widerstand verloren geht, so ist hier der Akkumulatorbetrieb (mit Krafttarif für das Laden!) billiger.

5. a) Der Widerstand muß dem Gerät nebengeschaltet werden, etwa wie R_1 und R_2 in Abb. 6. R_1 sei das Meßgerät, R_2 sein Nebenschluß. Zur Berechnung von R_2 benutzt man die Kirchhoffschen Sätze:

1. $\qquad I_r = I_1 + I_2$
$\qquad 0{,}0075 = 0{,}0000075 + I_2$,

woraus
$\qquad I_2 = 0{,}0075 - 0{,}0000075$ A.

2. $\qquad \Sigma E = \Sigma I \cdot R$.

Da in der gezeichneten Schleife keine Stromquelle wirkt, so ist $\Sigma E = 0$, also

$$0 = I_1 \cdot R_1 - I_2 \cdot R_2.$$

Das Minuszeichen kommt daher, daß man beim Umfahren der Schleife mit I_1, aber gegen I_2 läuft.

$$R_2 = R_1 \cdot \frac{I_1}{I_2} = 10 \, \frac{7{,}5 \cdot 10^{-6}}{7{,}5 \cdot 10^{-3} - 7{,}5 \cdot 10^{-6}} = 0{,}01 \; \Omega.$$

b) Die Spannung am Gerät muß gleich der am Widerstand sein
$$U = I_1 \cdot R_1 = I_2 \cdot R_2 = 7{,}5 \cdot 10^{-6} \cdot 10 = 75 \cdot 10^{-6} \text{ V}.$$

Die verbrauchte Leistung ist
beim Gerät $\quad N_1 = U \cdot I_1 = 75 \cdot 10^{-6} \cdot 7{,}5 \cdot 10^{-6} = 562{,}5 \cdot 10^{-12}$ W,
beim Widerstand
$$N_2 = U \cdot I_2 = 75 \cdot 10^{-6} \cdot 7{,}5 \cdot 10^{-3} = 562{,}5 \cdot 10^{-9} \text{ W}.$$

c) Da nach Tafel 1 angenähert $\alpha = 0{,}004$ oder $0{,}4\,^0/_0$ für Kupfer und 0 für Manganin, so fällt der Spulenwiderstand um $0{,}4 \cdot (20-12) = 3{,}2\,^0/_0$, der Spulenstrom steigt um $3{,}2\,^0/_0$, und der Anzeigefehler wird ebenfalls $3{,}2\,^0/_0$.

6. a) Das Gerät selbst braucht bei vollem Zeigerausschlag eine Spannung $U = 7{,}5 \cdot 10^{-6} \cdot 10 = 75 \cdot 10^{-6}$ V. Den Rest muß der Schutzwiderstand R aufnehmen. Da gleichzeitig die Stromstärke auf $7{,}5 \cdot 10^{-6}$ A begrenzt werden muß, so müssen insgesamt

$$\frac{7{,}5}{7{,}5 \cdot 10^{-6}} = 10^6 \; \Omega \quad \text{für die Heizspannung,}$$

bzw. $\quad \dfrac{75}{7{,}5 \cdot 10^{-6}} = 10^7 \; \Omega \quad$ für die Anodenspannung

vorhanden sein. Zieht man hiervon den Eigenwiderstand des Gerätes (10 Ω) ab, so bleibt als Rest der Schutzwiderstand

$$R_s = 10^6 - 10 \; \Omega$$
bzw. $\quad\quad\quad R_s = 10^7 - 10 \; \Omega.$

Genaue Widerstände von dieser Größe sind teuer. Man wird daher lieber nach d rechnen.

b) $Q'_w = c \cdot N = 0{,}239 \cdot (7{,}5 \cdot 10^{-6})^2 \cdot 10^7 = 134 \cdot 10^{-6}$ cal/s bei 75 V; ein Zehntel davon bei 7,5 V.

c) Für Eisen ist $\alpha = 0{,}0045 = 0{,}45\,^0/_0$ bei 1^0 Temperaturänderung.

$1\,^0/_0$ Widerstandszunahme entsprechen also $\dfrac{1}{0{,}45} = 2{,}2^0$ Temperaturerhöhung.

d) Bei 6a ist der volle Strom gleich 7,5 mA; dann errechnet man als Gesamtwiderstand

$$R = \frac{7{,}5}{7{,}5 \cdot 10^{-3}} = 1000 \; \Omega \quad \text{für die Heizung,}$$

bzw. $\quad R = \dfrac{75}{7{,}5 \cdot 10^{-3}} = 10\,000 \; \Omega \quad$ für die Anode.

Lösungen 7—9.

Davon ist noch der Widerstand der Nebenschaltung (10 Ω parallel 0,01 Ω) abzuziehen, was wegen der Kleinheit hier keine Rolle spielt.

7. a) $$R = \varrho \cdot \frac{l}{q} = 0{,}018 \cdot \frac{2 \cdot 50}{\frac{\pi}{4} \cdot 0{,}6^2} = 6{,}4\ \Omega.$$

Für Hin- und Rückleitung sind $2 \cdot 50$ m einzusetzen.

b) Nach Ohm ist die im Widerstand R verlorene Spannung
$$U = I \cdot R = 4 \cdot 0{,}5\ \cdot 6{,}2 = 12{,}4\ \text{V} \quad \text{bei Normalröhren,}$$
bzw. $U = I \cdot R = 4 \cdot 0{,}05 \cdot 6{,}2 = 1{,}24\ \text{V}$ bei Sparröhren.

Wie man sieht, verbraucht die lange Leitung einen ganz bedeutenden Spannungsbetrag.

8. a) Gewöhnliche Röhren: $\dfrac{1{,}2}{0{,}5} \approx 2$ (nicht 3!)

Sparröhren: $\dfrac{1{,}2}{0{,}06} = 20$.

b) Der Akkumulator wird bald unbrauchbar.

9. a) Die Stromstärke wird
$$I = \frac{E}{R_i + R} = \frac{10}{5 + R}.$$

b) Die Klemmenspannung findet man zu
$$U = I \cdot R = E \cdot \frac{R}{R_i + R} = E \cdot \frac{1}{1 + \frac{R_i}{R}} = \frac{10}{1 + \frac{5}{R}}.$$

c) Die Stromquelle erzeugt eine Leistung
$$N_1 = E \cdot I = \frac{E^2}{R_i + R} = \frac{100}{5 + R}.$$

d) Die Nutzleistung ist
$$N_2 = U \cdot I = E \cdot \frac{R}{R_i + R} \cdot \frac{E}{R_i + B} = E^2 \cdot \frac{R}{(R_i + R)^2} = \frac{100\,R}{(5 + R)^2}.$$

e) Der Wirkungsgrad
$$\eta = \frac{N_2}{N_1} = \frac{R}{R_i + R} = \frac{1}{1 + \frac{R_i}{R}} = \frac{1}{1 + \frac{5}{R}}.$$

58 Lösung 10.

R	$\frac{R_i}{R}$	$\lg \frac{R_i}{R}$	I	U	N_1	N_2	η
Ω			A	V	W	W	
0	∞	∞	2,00	0	20,0	0	0
1	5,00	0,699	1,67	1,67	16,7	2,78	0,167
2	2,50	0,398	1,43	2,86	14,3	4,09	0,286
3	1,67	0,223	1,25	3,75	12,5	4,69	0,375
4	1,25	0,097	1,11	4,44	11,1	4,94	0,444
5	1,00	0,000	1,00	5,00	10,0	5,00	0,500
6	0,83	$-1+0,919$	0,91	5,46	9,1	4,97	0,546
7	0,71	$-1+0,851$	0,83	5,83	8,3	4,86	0,583
8	0,63	$-1+0,799$	0,77	6,16	7,7	4,73	0,616
10	0,50	$-1+0,700$	0,67	6,67	6,7	4,44	0,667
12	0,42	$-1+0,623$	0,59	7,05	5,9	4,15	0,705
14	0,36	$-1+0,556$	0,53	7,37	5,3	3,87	0,737
∞	0	$-\infty$	0	10	0	0	1

Beim Zeichnen der Kurven wählt man gewöhnlich R als Abszisse. Man zeichne die Kurven auch mit R_i/R und mit $\lg R_i/R$ als Abszisse. Welchen Vorteil hat man dabei?

10. Die Lösung kann man durch Probieren finden. Ich nehme an, der Draht sei 1 mm stark, und berechne seine Länge l nach der Formel

$$R = \varrho \cdot \frac{l}{q},$$

woraus

$$l = q \cdot \frac{R}{\varrho} = \frac{\frac{\pi}{4} \cdot 1^2 \cdot 6}{0,10} = 47 \text{ m}.$$

Der Draht werde auf eine Rolle von 4 cm Durchmesser eng gewickelt. Eine Windung hat $4\pi = 12,6$ cm Umfang. Insgesamt erhält man $\frac{4700}{12,6} = 375$ Windungen. Die Rolle muß also rund 40 cm lang sein. Als abkühlende Oberfläche kommt die Außenfläche in Betracht, die der Einfachheit halber als Zylindermantel berechnet werde:

$$O = 4\pi \cdot 40 = 500 \text{ cm}^2.$$

Aus der Abkühlungsformel erhält man nun eine Übertemperatur

$$\vartheta = \frac{N}{\beta \cdot O} = \frac{0,5^2 \cdot 6}{\frac{1}{15000} \cdot 50000} = 0,4^0.$$

Lösungen 11—12.

Der Widerstand ist also sehr reichlich bemessen. Nimmt man Eisendraht von 0,2 mm Stärke, so braucht man nur

$$l = 47 \cdot \frac{0{,}2^2}{1^2} = 1{,}88 \text{ m}.$$

Dessen Oberfläche ist, auf eine Rolle von 0,5 cm Durchmesser und 2,4 cm Länge gewickelt

$$O = \pi \cdot 0{,}5 \cdot 2{,}4 = 3{,}8 \text{ cm}^2,$$

und die Übertemperatur

$$\vartheta = \frac{0{,}5^2 \cdot 6}{\frac{1}{15\,000} \cdot 380} = 60°.$$

Das ist noch eben zulässig; man wird aber den Draht weit wickeln, damit die Abkühlung günstiger wird.

Das Gewicht ist

$$G = l \cdot q \cdot \gamma = 188 \cdot \frac{\pi}{4} \cdot 0{,}02^2 \cdot 7{,}8 = 0{,}46 \text{ g}.$$

11. a) Den Leistungsverbrauch des Hörers berechnet man zu
$$N_h = I^2 \cdot R = (0{,}4 \cdot 10^{-6})^2 \cdot 2000 = 320 \cdot 10^{-12} \text{ W}.$$

b) Die Schalleistung ist
$$N_s = N_h \cdot \eta = 320 \cdot 10^{-12} \cdot 0{,}05 = 16 \cdot 10^{-12} \text{ W}.$$

12. a) Schaltung zum Eichen eines Strommessers (Abb. 39).

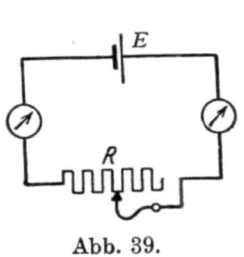

Abb. 39.

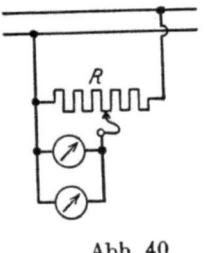

Abb. 40.

b) Der Schutzwiderstand beträgt bei $I = 1$ mA:

$$R = \frac{E}{I} = \frac{2}{0{,}001} = 2000 \text{ }\Omega.$$

Davon muß man noch die Gerätewiderstände mit $3 + 5$ Ω abziehen, was hier aber keine Rolle spielt.

13. a) Man wendet am besten die Spannungsteilerschaltung (Abb. 40) an.

b) Auf die Größe des Widerstandes R kommt es nicht sehr an. Man wählt ihn so, daß er nicht zu viel Strom aufnimmt, etwa 10 mal so viel wie das Meßgerät. Wenn dieses 10 mA braucht, dann kann der Widerstand 100 mA aufnehmen, und man findet

$$R = \frac{220}{0,1} = 2200\ \Omega.$$

14. Der Ausbreitungswiderstand ist unabhängig vom Material der Platte:

$$R = \frac{\varrho}{\pi \cdot d} = \frac{10^4}{4 \cdot 100} = 25\ \Omega.$$

B. Das magnetische Feld.

15. a) und b) Der Draht habe einen Durchmesser von d mm, wozu noch $0,1\,d$ für Isolation treten. Bei sauberer Wicklung beansprucht jeder Draht eine Fläche von $1,1\,d \cdot 1,1\,d = 1,21\,d^2$. Aus Abb. 36 errechnet man die Wickelfläche (kreuzweise schraffiert):

$$F = \frac{1}{2} \cdot (b - a) \cdot c = \frac{1}{2} \cdot 11 \cdot 7 = 38,5\ \text{mm}^2.$$

Die Zahl der Windungen sei w; dann hat man die Gleichung

$$w \cdot 1,21\, d^2 = 38,5. \tag{1}$$

Da 2 Unbekannte, w und d, vorkommen, so muß man noch eine Gleichung aufstellen. Diese liefert der Widerstand R, der von der Drahtlänge l und seinem Querschnitt q abhängt. Die mittlere Länge einer Windung ist

$$\frac{1}{2}\pi(a+b) = \frac{1}{2}\pi \cdot 39 = 61,3\ \text{mm} = 0,0613\ \text{m}.$$

Alle w Windungen zusammen ergeben die Drahtlänge

$$l = 0,0613 \cdot w.$$

Ferner ist

$$q = \frac{\pi}{4} \cdot d^2,$$

Lösungen 16—17.

also
$$R = \varrho \cdot \frac{l}{q},$$
$$2000 = 0{,}018 \cdot \frac{0{,}0613 \cdot w}{\frac{\pi}{4} \cdot d^2}. \qquad (2)$$

Aus (1) und (2) folgt:
$$w = 6800 \text{ Windungen},$$
$$d = 0{,}068 \approx 0{,}07 \text{ mm}.$$

c) $\qquad \mathfrak{H} = 0{,}4\,\pi \cdot \dfrac{I \cdot w}{l}.$

Da die Spule kurz ist, so wird für l die Länge der Diagonale eingesetzt:
$$l = \sqrt{\left[\frac{1}{2}(a+b)\right]^2 + c^2} = \sqrt{19{,}5^2 + 7^2} = 20{,}7 \text{ mm},$$
$$\mathfrak{H} = 0{,}4\,\pi \cdot \frac{0{,}002 \cdot 6800}{2{,}07} = 8{,}25 \text{ Linien/cm}^2.$$

d) $\qquad P = q \cdot \left(\dfrac{\mathfrak{B}}{5000}\right)^2 = 0{,}7 \cdot 0{,}7 \cdot 0{,}85 \cdot \left(\dfrac{1250}{5000}\right)^2 = 0{,}026 \text{ kg}.$

e) Die unter d berechnete Kraft wirkt dauernd, sie spielt für die Schallerzeugung also keine Rolle. Erst die Veränderung des Magnetismus ergibt eine veränderliche Kraft und somit eine Bewegung der Schallplatte.

Für die Verstellkraft ergibt sich
$$dP = 2q \cdot \frac{\mathfrak{B} \cdot d\mathfrak{B}}{5000^2} = 2 \cdot 0{,}7 \cdot 0{,}7 \cdot 0{,}85 \cdot \frac{1250 \cdot 100}{5000^2} = 0{,}0042 \text{ kg}.$$

Mit einer Kraft von rund 4 g wird die Platte hin und her bewegt.

16. Nach dem Gesetz von Biot und Savart ergibt sich für die Kraft
$$P = \frac{0{,}1}{981\,000} \cdot \mathfrak{B} \cdot I \cdot l \cdot \sin\alpha = \frac{0{,}1}{981\,000} \cdot 10\,000 \cdot 8 \cdot 10 \cdot 1,$$
$$P = 0{,}0816 \text{ kg}.$$

17. a) Die induzierte Emk ist nach Neumann:
$$e = -z \cdot \frac{d\Phi}{dt} \cdot 10^{-8} \text{ Volt}.$$

Das Minuszeichen interessiert hier nicht, also lasse man es weg. Die Drahtzahl ist $z=1$. Die Angabe 1000 Per./Sek. besagt, daß das Band in 1 Sekunde 1000 mal hin und her geht; der Weg von $0{,}1\,\mu$ wird also in der Zeit $dt=0{,}001$ s zurückgelegt. Nur der mittlere Teil des Bandes macht wirklich diese Bewegung, während das obere und untere Ende stillsteht. Man kann für die Berechnung annehmen, daß etwa $^2/_3$ des Bandes (genauer $^2/_\pi$) voll schwingen, während der Rest ganz stillsteht. Diese $^2/_3\,l$ bestreichen eine kleine Fläche

$$dF = \tfrac{2}{3} l \cdot h.$$

Durch diese Fläche gehen je Quadratzentimeter $\mathfrak{B}$ Linien, also hier

$$d\Phi = dF \cdot \mathfrak{B}.$$

Nun kann man e leicht berechnen. Da h der größte Ausschlag ist, so schreibt man statt e besser E_{mx}. Also

$$E_{\mathrm{mx}} = 1 \cdot \frac{\tfrac{2}{3} \cdot 7 \cdot 10^{-5} \cdot 10000}{0{,}001} \cdot 10^{-8} = 4{,}7 \cdot 10^{-6}\ \mathrm{V}.$$

b) Um den Strom zu finden, muß man den Widerstand des Bändchens kennen:

$$R = \varrho \cdot \frac{l}{q} = 0{,}03 \cdot \frac{0{,}07}{3 \cdot 0{,}003} = 0{,}233\ \Omega.$$

Dann wird

$$I_{\mathrm{mx}} = \frac{E_{\mathrm{mx}}}{2R} = \frac{4{,}7 \cdot 10^{-6}}{2 \cdot 0{,}233} = 10 \cdot 10^{-6}\ \mathrm{A}.$$

18. Die resultierende Induktivität ist

$$L_r = L_1 + L_2 \pm 2M.$$

Die Festigkeit der Kopplung geht ein in

$$k = \frac{M}{\sqrt{L_1 \cdot L_2}} \quad \left\{ \begin{array}{l} = 1 \text{ bei fester} \\ = 0 \text{ bei loser} \end{array} \right\} \text{Kopplung.}$$

Außerdem ist $L_1 = L_2 = L$.

Zunächst sei ganz feste Kopplung angenommen, und die beiden Magnetfelder sollen gleich gerichtet sein.

$$L_{r\,\mathrm{mx}} = 2L + 2M,$$

$$1 = \frac{M}{\sqrt{L \cdot L}} = \frac{M}{L}.$$

Lösungen 19—20.

Woraus
$$L_{r\,mx} = 2L + 2L = 4L.$$

Dreht man die eine Spule um 180°, so heben sich beide Magnetfelder auf
$$L_{r\,min} = 2L - 2M,$$
$$1 = \frac{M}{L}.$$

Also
$$L_{r\,min} = 0.$$

In der 90°-Stellung beeinflussen sich die Spulen nicht.
$$L_r = 2L + 2M,$$
$$0 = \frac{M}{L},$$
$$L_r = 2L.$$

Das Ergebnis ist: Man kann die Induktivität von 0 bis $4L$ einstellen.

Praktisch ist $k=1$ nicht zu erreichen. Man kommt meist nur auf $k=0,6$. Wie groß ist dann $L_{r\,mx}$?

19. Nach der Formel ist
$$L = \frac{(\pi D w)^2}{l} \cdot f,$$
$w = 42, \qquad D = 8 \text{ cm}, \qquad l = 5 \text{ cm}, \qquad \frac{l}{D} = \frac{5}{8} = 0{,}625.$

Dazu findet man aus der Kurve B
$$f = 0{,}58$$
und es wird
$$L = \frac{(\pi \cdot 8 \cdot 42)^2}{5} \cdot 0{,}58 = 130\,000 \text{ cm}.$$

20. Ich nehme an, daß 50 Windungen genügen, also
$w = 50, \qquad D = 6{,}07 \text{ cm}, \qquad l = 50 \cdot 0{,}07 = 3{,}5 \text{ cm},$
$$\frac{l}{D} = 0{,}577, \quad \text{dazu} \quad f = 0{,}56,$$
somit
$$L = \frac{(\pi \cdot 6{,}07 \cdot 50)^2}{3{,}5} \cdot 0{,}56 = 147\,000 \text{ cm}.$$

Das ist zu wenig! Ich wähle nun $w = 55$ Windungen.

$$w = 55, \quad D = 6{,}07 \text{ cm}, \quad l = 55 \cdot 0{,}07 = 3{,}85 \text{ cm},$$

$$\frac{l}{D} = \frac{3{,}85}{6{,}07} = 0{,}635, \quad f = 0{,}58,$$

$$L = \frac{(\pi \cdot 6{,}07 \cdot 55)^2}{3{,}85} \cdot 0{,}58 = 168\,000 \text{ cm}.$$

w ist noch immer zu klein! Es sei

$$w = 58, \quad D = 6{,}07 \text{ cm}, \quad l = 58 \cdot 0{,}07 = 4{,}06 \text{ cm},$$

$$\frac{l}{D} = \frac{4{,}06}{6{,}07} = 0{,}669, \quad f = 0{,}595,$$

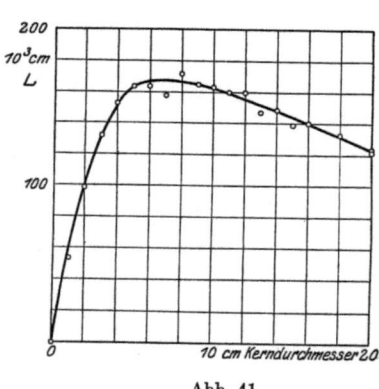

Abb. 41.

$$L = \frac{(\pi \cdot 6{,}07 \cdot 58)^2}{4{,}06} \cdot 0{,}595$$
$$= 182\,000 \text{ cm}.$$

Diese Spule genügt der Aufgabe. Sie erhält 58 Windungen bei einer Drahtlänge von $\pi \cdot 6{,}07 \cdot 58 \approx 1100$ cm.

21. Ich nehme verschiedene Pappkerne an, abgestuft von 1 bis 20 cm Durchmesser, und berechne L. Die Kurve Abb. 41 zeigt, daß 8 cm Kerndurchmesser die günstigste Spule ergibt, daß es aber nicht genau auf die Größe des Kernes ankommt.

Kerndurchmesser		1	2	3	4	5	6	7	8
Spulendurchmesser . .	D	1,06	2,06	3,06	4,06	5,06	6,06	7	8
Windungszahl	w	300	155	104	79	63	53	45	40
Spulenlänge	l	18	9,3	6,24	4,74	3,78	3,18	2,70	2,40
	$\frac{l}{D}$	17,9	4,51	2,04	1,17	0,747	0,525	0,383	0,300
	f	0,975	0,913	0,822	0,716	0,619	0,513	0,431	0,404
Selbstinduktivität in cm	$\frac{L}{1000}$	54	99	132	153	164	164	158	172

Lösungen 22—23.

Kerndurchmesser		9	10	11	12	14	16	18	20
Spulendurchmesser . .	D	9	10	11	12	14	16	18	20
Windungszahl	w	35	32	29	27	23	20	18	16
Spulenlänge	l	2,10	1,92	1,74	1,62	1,38	1,20	1,08	0,96
	$\dfrac{l}{D}$	0,233	0,192	0,158	0,135	0,099	0,075	0,060	0,048
	f	0,350	0,309	0,275	0,250	0,200	0,166	0,139	0,117
Selbstinduktivität in cm	$\dfrac{L}{1000}$	165	164	160	160	149	140	133	123

22. Aus der Formel für 1 Pol

$$P = q \cdot \left(\frac{\mathfrak{B}}{5000}\right)^2 \text{ kg}$$

findet man

$$\mathfrak{B} = 5000 \sqrt{\frac{P}{q}} = 5000 \sqrt{\frac{0{,}32 \cdot \frac{1}{2}}{0{,}2 \cdot 1{,}25}} = 4000 \text{ Linien/cm}^2.$$

23. a) Aus der Formel für den Widerstand erhält man die Länge l des Drahtes

$$R = \varrho \cdot \frac{l}{q}, \qquad l = R \cdot \frac{q}{\varrho} = 0{,}4 \, \frac{\frac{\pi}{4} \cdot 1{,}8^2}{0{,}018} = 56{,}6 \text{ m}.$$

b) Es seien w Windungen. Der Außendurchmesser ist gleich 70 mm, der Innendurchmesser sei gleich X. Dann ist der mittlere Umfang einer Windung

$$U_m = \frac{\pi}{2} \cdot (70 + X)$$

und die gesamte Drahtlänge

$$l = w \cdot U_m = w \cdot \frac{\pi}{2} \cdot (70 + X) = 56\,600 \text{ mm}.$$

In dieser Gleichung kommen **zwei** Unbekannte vor. Sie ist also nicht zu lösen, wenn man nicht noch eine Gleichung findet. Die Wickelfläche F (Abb. 37) hat die Größe

$$F = 120 \, \frac{70 - X}{2}.$$

Anderseits beansprucht jeder Draht ein Quadrat von 2^2, also

w Drähte $F = 4w$. Beides vereinigt ergibt

$$F = 120\,\frac{70-X}{2} = 4w^2.$$

Hieraus wird schließlich

$$w = 300.$$

c) Nebeneinander können $\frac{120}{2} = 60$ Drähte liegen. $\frac{300}{60} = 5$ Lagen.

C. Das elektrische Feld.

24. $$C = \frac{F}{8\pi} \cdot \frac{\varepsilon}{a} \cdot (n-1).$$

Mit Rücksicht auf die Befestigung der Drehachse muß man von der Fläche einer Platte $\pi \cdot 5^2$ einen Betrag von etwa $\pi \cdot 1^2$ abziehen, also

$$C = \frac{(\pi \cdot 5^2 - \pi \cdot 1^2) \cdot 1 \cdot 8}{8\pi \cdot 0{,}1} = 240 \text{ cm}.$$

25. a) $$C = \frac{\dfrac{\pi}{4} \cdot 32^2 \cdot \left(\dfrac{7}{0{,}02} + \dfrac{1}{0{,}02}\right) \cdot 1}{8\pi} = 12\,800 \text{ cm}.$$

b) Um die Kraft zu finden, rechne ich die Dicke der Glimmerschicht um auf eine gleichwertige Luftschicht. Da sich die Dielektrizitätskonstanten wie 7 zu 1 verhalten, so müssen sich die Schichtdicken wie 1 zu 7 verhalten, also entspricht der Glimmerschicht von 0,2 mm eine Luftschicht von $\frac{0{,}2}{7} = 0{,}03$ mm. Somit wird der gesamte Luftabstand $a = 0{,}2 + 0{,}03 = 0{,}23$ mm oder 0,023 cm.

$$P = \frac{9 \cdot 10^{11}}{981\,000 \cdot 9 \cdot 10^4} \cdot \frac{1}{2} \cdot \frac{C \cdot U^2}{a}$$

$$= \frac{9 \cdot 10^{11} \cdot 12\,800 \cdot 800^2}{981\,000 \cdot 9 \cdot 10^4 \cdot 2 \cdot 9 \cdot 10^{11} \cdot 0{,}023},$$

$$P = 2{,}02 \text{ kg}.$$

Lösungen 26—27.

c) Die Verstellkraft
$$dP = \frac{9 \cdot 10^{11}}{981\,000 \cdot 9 \cdot 10^4} \cdot \frac{C \cdot U \cdot dU}{a},$$

$$dP = \frac{9 \cdot 10^{11} \cdot 12\,800 \cdot 800 \cdot 10}{981\,000 \cdot 9 \cdot 10^4 \cdot 9 \cdot 10^{11} \cdot 0{,}023} = 0{,}050 \text{ kg}.$$

Diese Anordnung wird unter dem Namen Statophon als Lautsprecher benutzt.

d) Die Ladungsenergie, die im Feld zwischen den Platten sitzt, beträgt

$$W = \frac{1}{2} \cdot C \cdot U^2 = \frac{1}{2} \cdot \frac{12\,800}{9 \cdot 10^{11}} \cdot 800^2 = 0{,}004\,55 \text{ Ws}.$$

e) Um Kupfer bei 1084^0 zu schmelzen, muß man es von der Zimmertemperatur $+20^0$ ausgehend um 1064^0 erwärmen. Dabei nimmt 1 g $0{,}091 \cdot 1064 = 96{,}8$ cal auf. Dann muß es bei 1084^0 aus dem festen in den flüssigen Zustand übergeführt werden, was 42 cal/g erfordert; zusammen also $97 + 42 = 139$ cal/g. Verfügbar sind $0{,}004\,55$ Ws $= 0{,}239 \cdot 0{,}004\,55 = 0{,}001\,087$ cal. Diese reichen aus, um $0{,}001\,087/139 = 7{,}8 \cdot 10^{-6}$ g Kupfer zu schmelzen.

26. Zunächst rechnet man beide Kapazitäten auf dasselbe Maßsystem um.

$$C_2 = 0{,}003 \cdot 9 \cdot 10^5 = 2700 \text{ cm}.$$

a) $$\frac{1}{C_r} = \frac{1}{C_1} + \frac{1}{C_2} = \frac{1}{400} + \frac{1}{2700},$$

$$C_r = \frac{400 \cdot 2700}{400 + 2700} = 348 \text{ cm}.$$

b) $\quad C_r = C_1 + C_2 = 400 + 2700 = 3100 \text{ cm}.$

27. a) Die Elektronen treten aus dem glühenden Metall mit geringer Geschwindigkeit v_0 in den leeren Raum. Praktisch kann man sagen: $v_0 = 0$. Erst durch das äußere elektrische Feld werden sie beschleunigt, und ihre Geschwindigkeit v beim Auftreffen auf die Anode ergibt sich aus der Überlegung, daß die erlangte kinetische Energie gleich der zugeführten elektrischen Arbeit sein muß:

$$\frac{1}{2} m v^2 = U \cdot Q \cdot 0{,}10 \cdot 10^8.$$

Dabei ist
- m die Masse in g
- Q die Ladung in As
- v die Geschwindigkeit in cm/s
- U die Anodenspannung in V.

des Elektrons,

Nun wird
$$v = \sqrt{2 \cdot 10^7 \frac{Q}{m} \cdot U} = \sqrt{2 \cdot 10^7 \cdot \frac{1{,}56 \cdot 10^{-19}}{8{,}7 \cdot 10^{28}} \cdot U},$$
$$v = 60\,000\,000 \sqrt{U} \text{ cm/s},$$
$$v = 600 \sqrt{U} \text{ in km/s}.$$

Für
$$U = 1, \quad 10, \quad 100, \quad 1000, \quad 10\,000 \text{ V}$$
wird
$$v = 600, \quad 1900, \quad 6000, \quad 19\,000, \quad 60\,000 \text{ km/s}.$$

b) Die kinetische Energie verwandelt sich in Wärme
$$Q_w = c \cdot A,$$
wo A die kinetische Energie bedeutet. Diese kann so groß werden, daß das Anodenblech glüht (bei Senderröhren daher starke Kühlung nötig).

28. Die Fläche setzt sich zusammen aus dem Flaschenboden und der Flaschenwand
$$\frac{1}{2} F = \pi \cdot 5^2 + \pi \cdot 10 \cdot 30 = 325 \pi \text{ cm}^2,$$
also
$$C = \frac{F}{8\pi} \cdot \frac{\varepsilon}{a} \cdot (n-1) = \frac{2 \cdot 325 \pi}{8\pi} \cdot \frac{5{,}6}{0{,}2} \cdot 1 = 2275 \text{ cm}.$$

D. Der Wechselstrom.

29. a) Die Stromgleichung heißt allgemein $i = I_{mx} \cdot \sin \omega t$, wobei $\omega = 2\pi f$ und f die gesuchte Frequenz. Vergleicht man hiermit die gegebene Gleichung, so muß $\omega = 5000$ sein und
$$f = \frac{5000}{2\pi} \approx 800 \sim/s.$$

b) Aus dem Vergleich der theoretischen und der gegebenen Stromgleichung entnimmt man
$$I_{mx} = 2{,}83 \text{ A}.$$

Lösungen 30—32.

c) Der Effektivwert ist
$$I = \frac{1}{\sqrt{2}} \cdot I_{mx} = \frac{1}{\sqrt{2}} \cdot 2{,}83 = 2{,}00 \text{ A}.$$

d) Der Augenblickswert der Spannung ist
$$u = i \cdot R = 2{,}83 \cdot 20 \cdot \sin 5000 t,$$
woraus
e) der Höchstwert
$$U_{mx} = 2{,}83 \cdot 20 = 56{,}6 \text{ V}$$
und
f) der Effektivwert
$$U = \frac{1}{\sqrt{2}} \cdot U_{mx} = 40 \text{ V}.$$

30. Aus der Gleichung $N = U \cdot I \cdot \cos \varphi$ folgt
$$\cos \varphi = \frac{N}{U \cdot I} = \frac{60}{40 \cdot 2} = 0{,}75,$$
$$\varphi = 41^0\, 24{,}6'.$$

31. a) Der induktive Widerstand ist
$$\Re_L = \omega L = 2\pi \cdot f \cdot 1.$$

b) Der Gesamtwiderstand wird
$$\Re = \sqrt{R^2 + (\omega L)^2} = \sqrt{200^2 + 4\pi^2 f^2}.$$

c) Der Leistungsfaktor folgt aus
$$\text{tg}\, \varphi = \frac{\omega L}{R} = \frac{2\pi f \cdot 1}{200} = 0{,}01\, \pi f.$$

f $\sim/s$	$\Re_L$ Ω	$\Re$ Ω	tg φ	φ	cos φ
0	0	200	0	0^0	1,000
10	62,8	210	0,314	$17^0\, 26{,}5'$	0,954
100	628	660	3,14	$72^0\, 20{,}6'$	0,302
1 000	6 280	6 290	31,4	$88^0\, 10'$	0,032
10 000	62 800	62 800	314	$89^0\, 49'$	0,003

32. a) Die Frequenz beträgt
$$f = p \cdot \frac{n}{60} = 20 \cdot \frac{1500}{60} = 500 \text{ Hertz}.$$

b) Die Kreisfrequenz ist
$$\omega = 2\pi f = 3140.$$

c) Ihre Periode dauert
$$T = \frac{1}{f} = \frac{1}{500} \text{ s}.$$

d) Die Welle hat eine Länge
$$\lambda = cT = \frac{300\,000}{500} = 600 \text{ km}.$$

e) Die höchste induzierte Emk ist
$$E_{mx} = 10^{-8} \cdot z \cdot \omega \cdot \Phi_{mx} = 10^{-8} \cdot 200 \cdot 3140 \cdot 10^4,$$
$$E_{mx} = 62{,}8 \text{ V}.$$

33. Der Strom hat die Stärke
$$I = \frac{U}{\Re_C} = U\omega C,$$
$$I = \frac{9000 \cdot 2\pi \cdot 500 \cdot 1000}{9 \cdot 10^{11}} = \frac{\pi}{100} = 0{,}031 \text{ A}.$$

34. Der kapazitive Widerstand ist
$$\Re_C = \frac{1}{\omega C} = \frac{1}{2\pi f C}.$$

$C =$	1000 cm	1 μF
f Hertz	$\Re_C$ Ohm	$\Re_C$ Ohm
0	∞	∞
10	14 300 000	15 900
100	1 430 000	1 590
1000	143 000	159
10^4	14 300	15,9
10^5	1 430	1,59
10^6	143	0,159

E. Der Schwingungskreis.

35. Die Kreisfrequenz ist
$$\omega_0 = \frac{1}{\sqrt{C \cdot L}},$$

Lösung 36.

wo C in Farad, L in Henry einzusetzen ist.

$$\omega_0 = \sqrt{\frac{9 \cdot 10^{11} \cdot 10^9}{400 \cdot 90000}} = 5,0 \cdot 10^6,$$

$$f_0 = \frac{\omega_0}{2\pi} = 796000 \text{ Hertz},$$

$$T_0 = \frac{1}{f_0} = 1,26 \cdot 10^{-6} \text{ s},$$

$$\lambda_0 = c\,T_0 = \frac{1}{2\pi \sqrt{CL}},$$

wo alles in cm eingesetzt wird,

$$\lambda_0 = 30000000000 \cdot 1,26 \cdot 10^{-6} = 37800 \text{ cm}$$

oder

$$\lambda_0 = \frac{1}{2\pi \sqrt{400 \cdot 90000}} = 37800 \text{ cm}.$$

36. a) Die Eigenfrequenz ergibt sich annähernd aus

$$f_0 = \frac{1}{2\pi \sqrt{C \cdot L}} = \frac{1}{2\pi} \cdot \sqrt{\frac{9 \cdot 10^{11}}{2250 \cdot 1}} = \frac{10^4}{\pi},$$

$$f_0 = 3180 \text{ Hertz}.$$

Genauer ist die Formel

$$f_d = \frac{1}{2\pi} \sqrt{\frac{1}{CL} - \left(\frac{R}{2L}\right)^2},$$

$$f_d = \frac{1}{2\pi} \sqrt{\frac{900}{225} \cdot 10^8 - \left(\frac{200}{2 \cdot 1}\right)^2}.$$

Man sieht, daß das negative Glied unter der Wurzel gar nicht in Frage kommt.

b) Der Resonanzwiderstand ist

$$\Re'' = \frac{L}{CR} = \frac{1 \cdot 9 \cdot 10^{11}}{2250 \cdot 200} = 2 \cdot 10^6 \; \Omega.$$

c) Der induktive Widerstand der Spule beträgt

$$\Re_L = \omega L = 2\pi \cdot \frac{10^4}{\pi} \cdot 1 = 20000 \; \Omega.$$

Der „Sperrkreis" sperrt also bedeutend besser als die Spule allein.

d) Der Dämpfungsfaktor ist

$$\delta = \frac{R}{2L} = \frac{200}{2 \cdot 1} = 100.$$

e) Das Dekrement hat den Wert

$$d = \delta \cdot T_d = \frac{\delta}{f_d} = \frac{100}{3180} = 0{,}031.$$

f) Der Höchstwert des Stromes beträgt zur Zeit t

$$i_{\mathrm{mx}} = I_{\mathrm{mx}} \cdot \varepsilon^{-\delta t}.$$

Zu Anfang, d. h. für $t=0$ ist $i_{\mathrm{mx},0} = I_{\mathrm{mx}} \cdot \varepsilon^{-\delta \cdot 0} = I_{\mathrm{mx}}$. Dividiert man beide Werte, so erhält man

$$\frac{i_{\mathrm{mx}}}{i_{\mathrm{mx},0}} = \varepsilon^{-\delta t} = \frac{1}{20} = 0{,}05 = \varepsilon^{-100 \cdot t}.$$

Um die Zeit t zu finden, logarithmiert man die Gleichung

$$-100\, t \cdot \lg \varepsilon = -\lg 20$$

$$t = 0{,}01 \frac{\lg 20}{\lg \varepsilon} = 0{,}01 \frac{1{,}30103}{0{,}43429} = 0{,}03 \text{ s}.$$

Eine Schwingung dauert $T_0 = \dfrac{1}{f_0}$ Sekunden, also findet man die Zahl x der Schwingungen aus

$$x = \frac{t}{T_0} = t \cdot f_0 = 0{,}03 \cdot 3180 = 95{,}4.$$

Nach 95 Schwingungen ist die Schwingungsweite auf 5% gefallen.

37. Man geht von der Gleichung aus

$$f_d = \frac{1}{2\pi} \sqrt{\omega_0^2 - \delta^2},$$

die man umformt in

$$\omega_d^2 = \omega_0^2 - \left(\frac{d}{2\pi}\right)^2 \cdot \omega_d^2.$$

Lösung 38.

Hieraus wird

$$\omega_d = \frac{\omega_0}{\sqrt{1 + 0{,}025\,d^2}}, \quad \text{da} \quad \left(\frac{1}{2\pi}\right)^2 \approx 0{,}025.$$

Angenähert gilt, wenn α klein gegen 1 ist

$$1/\sqrt{1 + \alpha} = 1 - \frac{1}{2}\alpha.$$

Somit wird

$$\frac{\omega_d}{\omega_0} = 1 - 0{,}013\,d^2.$$

d	d^2	$0{,}013\,d^2$	d	d^2	$0{,}013\,d^2$
0	0	0	0,5	0,25	0,00325
0,1	0,01	0,00013	0,6	0,36	0,00468
0,2	0,04	0,00052	0,7	0,49	0,00637
0,3	0,09	0,00117	0,8	0,64	0,00832
0,4	0,16	0,00208	0,9	0,81	0,01053
			1,0	1,00	0,01300

Man kann $0{,}013\,d^2$ als „Fehlerglied" ansehen. Seine Vernachlässigung bei der Berechnung von ω_d ergibt also für ω_d zu große Werte. Bei der sehr starken Dämpfung $d = 0{,}9$ macht der Fehler erst 1% aus.

Man zeichne eine Kurve mit d als Abszisse und $y = 0{,}013\,d^2$ als Ordinate.

38. a) Die Selbstinduktivität erhält man aus der Wellenformel

$$\lambda = 2\pi\sqrt{CL}; \quad L = \frac{\lambda^2}{4\pi^2 C} \approx \frac{\lambda^2}{40\,C}, \quad \text{alles cm,}$$

$$L = \frac{40\,000^2}{40 \cdot 500} = 80\,000 \text{ cm.}$$

b) Den Widerstand findet man aus der Dekrementformel

$$d = \delta \cdot T_d = \frac{R}{2L} \cdot T_d \quad \text{und} \quad T_d \approx T_0 = \frac{\lambda}{c}.$$

So wird

$$R = 2 \cdot L \cdot d \cdot \frac{c}{\lambda} = 2 \cdot \frac{80\,000}{10^9} \cdot 0{,}1 \cdot \frac{300\,000\,000}{400},$$

$$R = 12\,\Omega.$$

c) Durchfließt der Effektivwert $I = \dfrac{1}{\sqrt{2}} \cdot I_{mx}$ diesen Widerstand R, so treten Verluste in Höhe von 0,6 kW auf, also

$$I^2 \cdot R = \frac{1}{2} I_{mx}^2 \cdot R = N = 600 \text{ W},$$

woraus

$$I_{mx} = \sqrt{\frac{2N}{R}} = \sqrt{\frac{2 \cdot 600}{12}} = 10 \text{ A}.$$

d) Die höchste Spannung an L oder C folgt aus

$$U_{mx} = I_{mx} \cdot \sqrt{\frac{L}{C}} = 10 \sqrt{\frac{80000 \cdot 9 \cdot 10^{11}}{10^9 \cdot 500}} = 3800 \text{ V}.$$

e) Die Spannung an R wird

$$U_R = I_{mx} \cdot R = 10 \cdot 12 = 120 \text{ V}.$$

39. a) und b). Bei Reihenschaltung findet man den Widerstand aus der Formel:

$$\mathfrak{R}' = \sqrt{R^2 + \left(\omega L - \frac{1}{\omega C}\right)^2}$$

und die Stromstärke aus

$$I' = \frac{E}{\mathfrak{R}'}.$$

Die Schwingungskonstanten sind

Eigenfrequenz $f_0 = \dfrac{1}{2\pi \sqrt{CL}} = \dfrac{1}{2\pi} \sqrt{\dfrac{9 \cdot 10^{11} \cdot 10^9}{490 \cdot 10^5}} = 683\,000$ Hertz,

Kreisfrequenz $\omega_0 = 2\pi f_0 = 4\,290\,000$,

Eigenwelle $\lambda_0 = 2\pi \sqrt{CL} = 2\pi \sqrt{490 \cdot 10^5} = 44\,000$ cm.

Die Durchrechnung ergibt folgende Zahlenwerte, die in Abb. 28 als Kurven aufgetragen sind.

Lösung 39.

λ	ω	ωL	$\dfrac{1}{\omega C}$	$\omega L - \dfrac{1}{\omega C}$	$\left(\omega L - \dfrac{1}{\omega C}\right)^2$	$\mathfrak{R}'^2$	$\mathfrak{R}'$	I'
m		Ω	Ω	Ω	Ω^2	Ω^2	Ω	A
0	∞	∞	0	∞	∞	∞	∞	0
308	6120000	612	300	312	97400	97600	312	3,21
352	5360	536	343	193	37300	37500	194	5,17
396	4760	476	386	90	8100	8325	91,2	10,97
410	4600	460	399	61	3720	3945	62,8	15,9
420	4490	449	409	40	1600	1825	42,7	23,4
425	4440	444	414	30	900	1125	33,5	29,9
430	4380	438	419	19	361	586	24,2	41,3
435	4340	434	424	10	100	325	18,0	55,6
440	4290	429	429	0	0	225	15,0	66,7
445	4240	424	434	-10	100	325	18,0	55,6
450	4190	419	438	-19	361	586	24,2	41,3
455	4150	415	443	-28	784	1009	31,8	31,5
460	4100	410	448	-38	1444	1665	40,8	24,5
470	4010	401	458	-57	3249	3474	58,9	17,0
484	3890	389	472	-83	6900	7125	84,5	11,8
500	3770	377	487	-110	12100	12325	111	9,0
528	3570	357	514	-157	24600	24825	157	6,35
572	3290	329	558	-229	52500	52700	229	4,36
∞	0	0	∞	$-\infty$	∞	∞	∞	0

c) und d). Bei Nebenschaltung wird der Widerstand

$$\mathfrak{R}'' = \sqrt{\dfrac{R^2 + (\omega L)^2}{(\omega C)^2 \cdot \left[R^2 + \left(\omega L - \dfrac{1}{\omega C}\right)^2\right]}}$$

und die Stromstärke

$$I'' = \dfrac{E}{\mathfrak{R}''}.$$

Man erhält ungefähr dieselben Kurven wie bei a und b, jedoch sind sie hinsichtlich ihrer Bedeutung vertauscht.

e) Das Dekrement wird berechnet aus

$$d = \pi \cdot \dfrac{f' - f''}{f_r} \cdot \sqrt{\dfrac{I^2}{I_r^2 - I^2}}.$$

Da die Kurven über λ als Abszisse gezeichnet sind, so ersetzt man f durch λ, indem man beachtet, daß

$$f \sim \frac{1}{\lambda},$$

also

$$d = \pi \cdot \frac{\dfrac{1}{\lambda'} - \dfrac{1}{\lambda''}}{\dfrac{1}{\lambda_r}} \cdot \sqrt{\frac{I^2}{I_r^2 - I^2}},$$

$$d \approx \pi \cdot \frac{\lambda'' - \lambda'}{\lambda_r} \cdot \sqrt{\frac{I^2}{I_r^2 - I^2}}.$$

Die Rechnung ergibt

$$d = \pi R \sqrt{\frac{C}{L}} = \pi \cdot 15 \cdot \sqrt{\frac{490 \cdot 10^9}{9 \cdot 10^{11} \cdot 10^5}} = 0{,}11,$$

während man z. B. aus der Kurve 28, S. 25, entnimmt:

$\lambda'' = 450$ m, $\quad \lambda' = 430$ m, $\quad \lambda_r = 440$ m,

$I_r = 66{,}7$ A, $\quad I = 41{,}3$ A,

$$d = \pi \cdot \frac{450 - 430}{440} \cdot \sqrt{\frac{41{,}3^2}{66{,}7^2 - 41{,}3^2}} = 0{,}11.$$

f) Die Formel ergibt eine Abstimmschärfe

$$S = \frac{\pi}{d} = \frac{\pi}{0{,}11} = 28{,}5.$$

Die Leistung beim höchsten Strom ist $I_{\mathrm{mx}}^2 \cdot R$. Soll sie auf die Hälfte abnehmen, so muß der Strom auf das $\dfrac{1}{\sqrt{2}}$ fache fallen.

Aus dem Kurvenblatt entnimmt man, daß der Strom von seinem Höchstwert 66,7 A auf das $\dfrac{1}{\sqrt{2}}$ fache, d. i. auf 47,2 A sinkt bei $\lambda = 432$ bzw. $\lambda = 448$ m. Dann ergibt die Rechnung

$$S = \frac{1}{\varepsilon' + \varepsilon''}$$

$$\varepsilon_1 = \frac{440 - 432}{440} = 0{,}01816, \quad \varepsilon_2 = \frac{448 - 440}{440} = 0{,}01816,$$

Lösungen 40—41.

also
$$S = \frac{1}{2 \cdot 0{,}01816} = 27{,}6,$$
was mit obigem Wert genügend gut übereinstimmt.

40. Den Kopplungsfaktor k findet man aus
$$k_1 = \sqrt{k^2 - \left(\frac{d_1 - d_2}{2\pi}\right)^2} = k.$$
Damit wird
$$f_1 = \frac{f}{\sqrt{1-k}} \quad \text{und} \quad f_2 = \frac{f}{\sqrt{1+k}}$$
und
$$k = 1 - \left(\frac{f}{f_1}\right)^2 = \left(\frac{f}{f_2}\right)^2 - 1,$$

$$\left.\begin{array}{l} k = 1 - \left(\dfrac{100000}{103000}\right)^2 = 1 - 0{,}944 = 0{,}056 \\[6pt] k = \left(\dfrac{100000}{97000}\right)^2 - 1 = 1{,}062 - 1 = 0{,}062 \end{array}\right\} \text{Mittel } k = 0{,}059.$$

41. a) Der induktive Widerstand ist
$$\Re_L = \omega L = 2\pi \cdot 1000 \cdot 0{,}6 = 3770\,\Omega.$$
b) Der Gesamtwiderstand:
$$\Re = \sqrt{R^2 + (\omega L)^2} = \sqrt{4000^2 + (2\pi \cdot 1000 \cdot 0{,}6)^2} = 5500\,\Omega.$$
c) Der Leistungsfaktor:
$$\cos\varphi = \frac{R}{\Re} = \frac{4000}{5500} = 0{,}727.$$

Ein Hörer ist im allgemeinen um so besser, je kleiner $\cos\varphi$, weil dann der Magnetismus gegenüber den Verlusten überwiegt.

d) Da der Ohmsche Widerstand hier sehr groß ist, so muß man mit der genauen Formel rechnen:
$$f = \frac{1}{2\pi} \cdot \sqrt{\frac{1}{CL} - \left(\frac{R}{2L}\right)^2},$$
woraus
$$C = \frac{1}{4\pi^2 f^2 + \left(\dfrac{R}{2L}\right)^2} \cdot \frac{1}{L} \text{ Farad},$$

$$C = \frac{9 \cdot 10^{11}}{4\pi^2 \cdot 10^6 + \left(\frac{4000}{2 \cdot 0{,}6}\right)^2} \cdot \frac{1}{0{,}6} = 29\,400 \text{ cm}.$$

e) Setzt man in der Formel für $\mathfrak{R}''$ bei Resonanz $\omega L = \dfrac{1}{\omega C}$, dann erhält man

$$\mathfrak{R}_r'' = \sqrt{\frac{R^2 + (\omega L)^2}{(\omega C)^2 R^2}} = \frac{\mathfrak{R}}{\omega C R} = \frac{1}{\omega C \cos\varphi},$$

$$\mathfrak{R}_r'' = \frac{9 \cdot 11^{11}}{2\pi \cdot 1000 \cdot 29\,400 \cdot 0{,}727} = 6700 \; \Omega.$$

Das ist nur wenig mehr als $\mathfrak{R} = 5500 \; \Omega$. Es lohnt sich also nicht, den großen Kondensator zu beschaffen.

F. Die Antenne und der Rahmen.

42. a) Das Dekrement der Antenne wird durch das Anschalten des Detektors bei richtiger Widerstandsanpassung verdoppelt, also

$$S_1 = \frac{\pi}{d} = \frac{\pi}{2 \cdot 0{,}1} = 5 \cdot \pi = 15{,}7.$$

b) Schaltet man den Detektor an den Sekundärkreis, so verdoppelt sich dessen Dekrement, und es wird

$$S_2 = \pi \cdot \frac{1 - \dfrac{2 \cdot 0{,}01}{0{,}1}}{2 \cdot 2 \cdot 0{,}01} = 20 \cdot \pi = 62{,}8.$$

Man sieht leicht, daß nur ein sehr schwach gedämpfter Zwischenkreis eine merkliche Erhöhung der Abstimmschärfe bringt.

43. Da $\lambda = 4l$, so wird die größte zulässige Drahtlänge

$$l = \frac{\lambda}{4} = \frac{400}{4} = 100 \text{ m}.$$

44. In der Formel

$$\lambda_1 = 2\pi \cdot \sqrt{C(L + L')} = 60\,000 \text{ cm}$$

bedeutet L die Selbstinduktivität der Antenne, L' die der Spule.

Für die Eindrahtantenne gilt

$$L = \frac{2}{\pi} \cdot 2\,l \cdot 2{,}3 \lg \frac{2l}{r} = \frac{2}{\pi} \cdot 2 \cdot 10^4 \cdot 2{,}3 \lg \frac{2 \cdot 10^4}{0{,}2},$$

$$L = 1{,}46 \cdot 10^5 \text{ cm}.$$

Die Kapazität C der Antenne ist

$$C = \frac{2}{\pi} \cdot \frac{l}{2} \cdot \frac{1}{2{,}3 \lg \frac{2l}{r}} = \frac{2 \cdot 10^4}{\pi \cdot 2 \cdot 2{,}3 \lg \frac{2 \cdot 10^4}{0{,}2}} = 277 \text{ cm}.$$

Jetzt kann man nach L' auflösen:

$$L' = \frac{\lambda_1{}^2}{4\pi^2 C} - L = \frac{60\,000^2}{4 \cdot 10 \cdot 277} - 146\,000 = 179\,000 \text{ cm}.$$

45. Die Verkürzungsformel ist

$$\lambda_2 = 2\pi \cdot \sqrt{\frac{C \cdot C'}{C + C'} \cdot L},$$

worin C' die unbekannte Kapazität ist.

$$C' = C \cdot \frac{\lambda^2}{4\pi^2 L} \cdot \frac{1}{C - \frac{\lambda^2}{4\pi^2 L}}$$

$$C' = 277 \cdot \frac{29\,200^2}{40 \cdot 146\,000} \cdot \frac{1}{277 - \frac{29\,200^2}{40 \cdot 146\,000}} = 310 \text{ cm}.$$

46. Bei starker Verlängerung gilt

$$\lambda_3 = 2\pi \cdot \sqrt{(C + C'') L'},$$

woraus

$$L' = \frac{\lambda_3^2}{4\pi^2 (C + C'')} = \frac{200\,000^2}{40 \cdot (277 + 723)} = 10^6 \text{ cm}.$$

47. Der Strahlungswiderstand ist

$$R_s = 1600 \cdot \left(\frac{h_1}{\lambda}\right)^2$$

und die ausgestrahlte Leistung

$$N_s = I_1{}^2 \cdot R_s.$$

$\lambda =$ 200 300 400 500 600 700 800 900 1000 m,
$R_s =$ 64,0 28,4 16,0 10,2 7,12 5,22 4,00 3,16 2,56 Ω,
$N_s =$ 6400 2840 1600 1020 712 522 400 316 256 W.

Der Strahlungswiderstand fällt sehr stark bei längeren Wellen. In demselben Maß sinkt die ausgestrahlte Leistung.

48. Die Stärke des elektrischen Feldes ist

$$\mathfrak{E} = 120\pi \cdot \frac{h_1 \cdot I_1}{\lambda \cdot r}.$$

h_1 und λ werden in gleichem Maß, z. B. in m, eingesetzt, r in cm.

$\lambda =$ 200 300 400 500 600 700 800 900 1000 m,
$\mathfrak{E} =$ 75,4 50,2 37,7 30,1 25,1 21,5 18,8 16,7 15,1 μ V/cm.

49. Die Spannung beläuft sich auf

$$E_2 = \mathfrak{E} \cdot h_2,$$

die Stromstärke:

$$I_2 = \frac{E_2}{R_2},$$

und die aufgenommene Leistung

$$N_2 = \frac{E_2^2}{R_2} = 90 \cdot I_1^2 \cdot R_s \cdot \left(\frac{h_2}{r}\right)^2 \cdot \frac{1}{R_2}.$$

$\lambda =$ 200 300 400 500 600 700 800 900 1000 m,
$E_2 =$ 75,4 50,2 37,7 30,1 25,1 21,5 18,8 16,7 15,1 mV,
$I_2 =$ 37,7 25,1 18,9 15,1 12,6 10,8 9,4 8,4 7,6 mA,
$N_2 =$ 2,84 1,26 0,713 0,455 0,316 0,233 0,177 0,140 0,115 mW.

Damit wird der Wirkungsgrad der Energieübertragung, unabhängig von der Wellenlänge:

$$\eta = \frac{N_2}{N_1} = \frac{2,84 \cdot 10^{-3}}{6400} = 0,444 \cdot 10^{-6}.$$

50. Ich nehme an $\lambda = 5l$ und berechne die erforderliche Drahtlänge zu

$$l = \tfrac{1}{5}\lambda = \tfrac{1}{5} \cdot 300 = 60 \text{ m}.$$

Der Rahmen soll ein Quadrat sein mit 1 m Seitenlänge.

Lösungen 51—52.

Sein Umfang ist dann 4 m, und man erhält 15 Windungen. Der Kreis vom gleichen Umfang hat den Halbmesser

$$r = \frac{U}{2\pi} = \frac{400}{2\pi} = 63{,}7 \text{ cm}.$$

Der Rahmen wird möglichst auf Luft gewickelt mit 0,8 cm Ganghöhe. Dann ist

$$\varepsilon_i = \varepsilon_a = 1,$$

und die Breite wird

$$b = 0{,}8 \cdot 15 = 12 \text{ cm}.$$

Nun ergibt sich die Eigenwelle zu

$$\lambda = \frac{\pi}{2} \cdot l \cdot \sqrt{4{,}6 \log \frac{r}{b} + 2} \cdot \sqrt{\frac{\varepsilon_i + \varepsilon_a}{2}},$$

$$\lambda = \frac{\pi}{2} \cdot 60 \cdot \sqrt{4{,}6 \log \frac{63{,}7}{12} + 2} \cdot \sqrt{\frac{1+1}{2}},$$

$$\lambda = 219 \text{ m}.$$

Diese Welle ist etwas kurz. Trotzdem kann man den Rahmen so wickeln, denn man muß jedenfalls noch eine Spule zum Koppeln einschalten; auch möchte man mit einem Drehkondensator fein einstellen können.

51. Die induzierte Emk ist

$$E_2 = 600\pi \cdot \frac{h_2 \cdot l_2 \cdot w_2}{\lambda} \cdot 0{,}4\pi \cdot \frac{h_1 \cdot I_1}{\lambda \cdot r},$$

$$E_2 = 600 \cdot 0{,}4 \cdot \pi^2 \cdot \frac{h_1 \cdot h_2 \cdot l_2 \cdot w_2 \cdot I_1}{\lambda^2 \cdot r} = \frac{240 \cdot 10 \cdot 40 \cdot 1^2 \cdot 15 \cdot 10}{400^2 \cdot 10000},$$

$$E_2 = 0{,}009 \text{ V}.$$

Die Stromstärke I_2 ergibt sich aus dem Ohmschen Widerstand R_2 des Rahmens

$$I_2 = \frac{E_2}{R_2}.$$

Man muß also den Drahtquerschnitt annehmen, um R_2 berechnen zu können.

52. Aus

$$E_2 = 120\pi \cdot \frac{h_1 \cdot h_2}{\lambda \cdot r} \cdot I_1 = 0{,}009 \text{ V}$$

Mühlbrett, Funktechn. Aufgaben.

errechnet man
$$h_2 = \frac{\lambda \cdot r \cdot E_2}{120\pi \cdot h_1 \cdot I_1} = \frac{400 \cdot 10^6 \cdot 0{,}009}{120 \cdot \pi \cdot 40 \cdot 10} = 23{,}90 \text{ cm}.$$

53. a) Bei den ersten beiden Messungen wird vom Sender in der Antenne dieselbe Emk E erzeugt. Der Antennenstrom ist dem Galvanometerausschlag proportional:
$$E = I_1 \cdot R_e = I_2(R_e + R_z),$$
$$I_1 = c \cdot \alpha_1, \quad I_2 = c \cdot \alpha_2,$$
$$c \cdot \alpha_1 \cdot R_e = c \cdot \alpha_2 \cdot (R_e + R_z),$$
$$R_e = R \cdot \frac{\alpha_2}{\alpha_1 - \alpha_2} = 20 \cdot \frac{30}{54 - 30} = 25 \; \Omega.$$

b) Die Eigenwelle ist
$$\lambda_e = 2\pi \cdot \sqrt{C_e \cdot L_e}.$$
Die verkürzte Welle
$$\lambda_1 = 2\pi \cdot \sqrt{\frac{C \cdot C_e}{C + C_e} \cdot L_e}.$$
Hieraus findet man die Eigenkapazität
$$C_e = \left[\left(\frac{\lambda_e}{\lambda_1}\right)^2 - 1\right] \cdot C = \left[\left(\frac{352}{236}\right)^2 - 1\right] \cdot 400 = 490 \text{ cm}$$
und
$$L_e = \frac{\lambda_e^2}{40\,C_e} = \frac{35\,200^2}{40 \cdot 490} = 64\,000 \text{ cm}.$$

c) Aus
$$\lambda_e = 2\pi \cdot \sqrt{C_e \cdot L_e} \quad \text{und} \quad \lambda_2 = 2\pi \cdot \sqrt{C(L_e + L)}$$
folgt
$$L_e = \frac{L}{\left(\frac{\lambda_2}{\lambda_e}\right)^2 - 1} = \frac{17\,000}{\left(\frac{396}{352}\right)^2 - 1} = 64\,000 \text{ cm},$$
$$C_e = \frac{\lambda_e^2}{40\,L_e} = \frac{35\,200^2}{40 \cdot 64\,000} = 490 \text{ cm}$$
wie zuvor.

d) Das Dekrement ist
$$d = \pi \cdot R_e \cdot \sqrt{\frac{C_e}{L_e}} = \pi \cdot 25 \cdot \sqrt{\frac{490 \cdot 10^9}{9 \cdot 10^{11} \cdot 64\,000}} = 0{,}23.$$

G. Der Detektor und die Röhre.

54. a) Die Stromkurve soll punktweise von $10°$ zu $10°$ gezeichnet werden.

ωt	$\sin \omega t$	$u = 0{,}4 \cdot \sin \omega t$ Volt	i mA	i mA
0°	0	0	0	0
10°	0,174	0,070	−0,06	+0,10
20°	0,342	0,127	0,09	0,22
30°	0,500	0,200	0,12	0,40
40°	0,643	0,247	0,14	0,53
50°	0,766	0,306	0,16	0,73
60°	0,866	0,346	0,17	0,89
70°	0,940	0,376	0,18	1,01
80°	0,985	0,394	0,18	1,08
90°	1,000	0,400	0,18	1,11

Man entnimmt der Logarithmentafel oder dem Rechenschieber die Werte von $\sin \omega t$, multipliziert sie mit 0,4 und

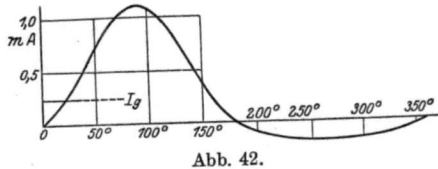

Abb. 42.

sucht zu den so erhaltenen Spannungswerten aus der Kurve die Stromwerte, die man in richtiger Reihenfolge zu der Stromkurve (Abb. 42) vereinigt.

b) Um den Mittelwert des Gleichstroms zu finden, bestimmt man die von der Stromkurve und der Nullinie eingeschlossenen Flächen, zieht die kleinere von der größeren ab, dividiert das Ergebnis durch die Länge der Grundlinie und rechnet das Ergebnis mittels des Ordinatenmaßstabes auf Milliampere um. Durch Abzählen der Millimeterfelder auf der Originalzeichnung erhalte ich eine positive Fläche von 2740 mm², eine negative von 590 mm²; der Unterschied ist 2150 mm². Die Grundlinie ist 180 mm lang, so ergibt sich eine mittlere Höhe von $2150 : 180 = 12$ mm. Nun sind 50 mm gleich 1 Milliampere, also beträgt der mittlere Gleichstrom

$$I_g = \frac{12}{50} \cdot 1 = 0{,}24 \text{ mA}.$$

55. a) Gegenüber der Hochfrequenz hat der Hörer bei $\lambda = 400$ m einen induktiven Widerstand

$$\mathfrak{R}_h = 2\pi \cdot f_h \cdot L_h = 2\pi \cdot 750000 \cdot \frac{1}{\pi} = 1500000\ \Omega.$$

In Wirklichkeit ist er geringer, weil die Spulenkapazität für Hochfrequenz einen Nebenschluß bildet.

b) Gegen Tonfrequenz stellt er einen Widerstand dar:

$$\mathfrak{R}_t = \sqrt{R^2 + (\omega L_h)^2} = \sqrt{2000^2 + \left(2\pi \cdot 1000 \cdot \frac{1}{\pi}\right)^2} = 2830\ \Omega.$$

Dieser Widerstand ist dem Detektor (3000 Ω) gut angepaßt.

c) $\quad \mathfrak{R}_c = \dfrac{1}{2\pi \cdot f_h \cdot C}\quad$ oder $\quad 300 = \dfrac{9 \cdot 10^{11}}{2\pi \cdot 750000 \cdot C}$,

$$C = \frac{9 \cdot 10^{11}}{2\pi \cdot 750000 \cdot 300} = 640\ \text{cm}.$$

d) Für das Durchlassen der Hochfrequenz genügt $C = 640$ cm, wie eben berechnet wurde. Der kapazitive Widerstand gegen Tonfrequenz beträgt:

$$\mathfrak{R}_c = \frac{1}{2\pi \cdot f_t \cdot C} = \frac{9 \cdot 10^{11}}{2\pi \cdot 1000 \cdot 640} = 224000\ \Omega.$$

Das ist viel gegenüber dem unter b berechneten Hörerwiderstand; es genügt also.

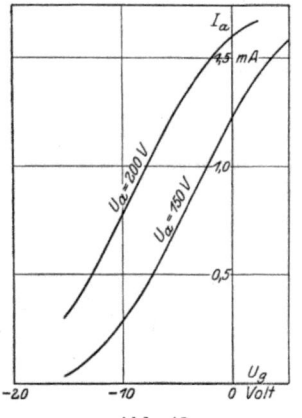

Abb. 43.

e) Gegen Tonfrequenz bietet die Spule einen Widerstand

$$\mathfrak{R}_L = \omega \cdot L = 2\pi \cdot 1000 \cdot 10^5 \cdot 10^{-9}$$
$$= 0{,}2\pi,$$
$$\mathfrak{R}_L = 0{,}63\ \Omega.$$

Dieser Widerstand beeinträchtigt den Telephonstrom nicht.

56. Man wählt für die Zeichnung der Kennlinien (Abb. 43) am besten folgende Maßstäbe:

$$1\ \text{cm} = 2\ \text{Volt}$$

und

$$1\ \text{cm} = 0{,}1\ \text{mA}.$$

Lösung 57.

a) Die Steilheit ist, an der steilsten Stelle gemessen,

$$S = \frac{1,0 \text{ mA}}{17,6 \text{ Volt}} = 0,102 \text{ mA/V}.$$

b) Der Durchgriff ergibt sich aus dem wagrechten Abstand der beiden Kurven 28 mm = 5,6 V und dem Unterschied der Anodenspannungen 200 — 150 = 50 V, also

$$D = \frac{5,6}{50} = 0,112 \quad \text{oder} \quad 11,2\,^0/_0.$$

c) Die Spannungsverstärkung ist

$$\frac{1}{D} = \frac{50}{5,6} = 8,9.$$

d) Der innere Widerstand zwischen Anode und Kathode beträgt

$$R_i = \frac{1}{S \cdot D} = \frac{1000}{0,102 \cdot 0,112} = 87300 \; \Omega.$$

1000 steht im Zähler, weil S in mA/V statt in A/V eingesetzt ist.

e) Die Güte wird

$$G_r = S \cdot \frac{1}{D} = 0,102 \cdot 8,9 \cdot 10^{-3} = 0,91 \cdot 10^{-3}.$$

f) Das Heizmaß ergibt sich aus dem Sättigungsstrom $I_e \approx 1,8$ mA und der Heizleistung $U_h \cdot I_h$ zu

$$H = \frac{I_e}{U_h \cdot I_h} = \frac{1,8}{2,9 \cdot 0,48} = 1,3 \text{ mA/W}.$$

57. Die Rechnung versagt, solange man die Formel für die Gitterstromkurve nicht kennt. Man kann sich aber durch ein zeichnerisches Verfahren helfen. Nachdem die Kurve des Gitterstroms I_g über der Gitterspannung U_g gezeichnet ist (Abb. 44), trägt man die Kurve des Stromes I ein, der den Widerstand R durchfließen würde, wenn er allein vorhanden wäre. Z. B. fließt

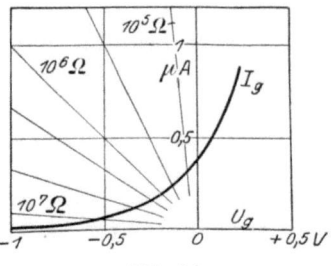

Abb. 44.

durch $R = 10^5\,\Omega$ ein Strom $I = \dfrac{1}{10^5} = 10^{-5}$ A bei 1 Volt Spannung. Man zieht diese Geraden für verschiedene Werte R und schneidet sie mit der I_g-Kurve. Die Schnittpunkte ergeben die sich von selbst einstellende Gitterspannung. Dabei fließt ebenso viel Strom durch die Röhre auf das Gitter wie vom Gitter über R entweicht. So erhält man für

$R = 0 \quad 10^5 \quad 0{,}5 \cdot 10^6 \quad 10^6 \quad 1{,}5 \cdot 10^6 \quad 3 \cdot 10^6 \quad 10^7\,\Omega$,
$U_g = 0 \quad -0{,}036 \quad -0{,}128 \quad -0{,}200 \quad -0{,}250 \quad -0{,}354 \quad -0{,}570$ Volt.

Gibt man dem Gitter eine Vorspannung, etwa $+0{,}5$ V, dann muß man die Stromgeraden für R von diesem Punkt ausgehen lassen und nicht von 0. Dasselbe ist der Fall, wenn man einen Hilfswechselstrom benutzt, z. B. einen Überlagerer, oder wenn das Audion selbst schwingt.

Der geeignetste Gitterwiderstand bzw. die geeignetste Gittervorspannung ist dann gefunden, wenn man an der Stelle stärkster Krümmung der Gitterkennlinie arbeitet.

58. Man schaltet den Detektor in Reihe mit einem Galvanometer (höchster Meßbereich etwa $I_g = 1$ mA) und verwendet diese Zusammenstellung wie ein Voltmeter. Um es zu eichen, baut man die Schaltung (Abb. 45) auf. Den Strom I einer schwachen Wechselstromquelle von beliebiger Frequenz schickt man durch einen induktions- und kapazitätsfreien, genau bekannten Widerstand, z. B. einen Stöpselkasten. Hier greift man die Eichspannung $I \cdot R$ ab und beobachtet den Ausschlag α des Galvanometers. Schließlich zeichnet man die Eichkurve $\alpha = f(I \cdot R)$.

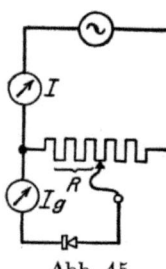

Abb. 45.

59. Das Audion kann man ebenso wie den Detektor als Spannungsmesser verwenden und eichen. Die zu messende Spannung legt man unter Vorschaltung eines Kondensators mit Ableitung ans Gitter und die Kathode und beobachtet ein Milliamperemeter (Meßbereich etwa 3 mA) im Anodenstromkreis. Wechselspannung am Gitter läßt den Anodenstrom sinken. Diese Ausschlagverminderung hängt von der Größe der Gitterspannung ab.

60. Man will dem Gitter eine möglichst hohe Spannung zuführen, also soll man R_a recht groß nehmen. Wenn $R_a = \infty$, dann erhält man die volle Emk der ersten Röhre $\dfrac{e_g}{D}$ ans Gitter der zweiten Röhre. Bei n Röhren würde also die Spannung steigen auf $\dfrac{e_g}{D^n}$, wenn e_g die schwache Spannung am ersten Gitter ist. Da aber hierbei der Anodenkreis völlig unterbrochen ist, so ist dieser Fall unmöglich.

Macht man $R_a = 10\,R_i$, dann erhält man noch sehr angenähert $\dfrac{e_g}{D}$ als Klemmenspannung, aber da der Gleichstrom durch R_a stark vermindert wird, so muß man etwa die 10-fache Anodenspannung verwenden!

Um der hohen Anodenspannung zu entgehen, wählt man meistens $R_a = R_i$, dann braucht man U_a nur zu verdoppeln. Freilich ist die Klemmenspannung des Wechselstroms $i_a \cdot R_a$ jetzt nur noch $\dfrac{1}{2} \cdot \dfrac{e_g}{D}$.

61. Die Drosselspule soll wie der Widerstand den Wechselstrom i_a drosseln und dadurch eine hohe Klemmenspannung $i_a \cdot \omega \cdot L$ hervorrufen, jedoch ohne den Gleichstrom I_a zu sperren. Daher ist es sehr zweckmäßig, jede Drosselspule durch Nebenschalten eines Kondensators auf Resonanz mit der abzusperrenden Welle abzustimmen, weil bei geringer Dämpfung $\dfrac{L}{C \cdot R}$ viel größer ist als ωL.

62. a) Der Eingangstransformator muß zwischen Detektor und Gitter vermitteln. Ist der Detektorwiderstand $R_d = 5000\,\Omega$, so muß der übertragene Röhrenwiderstand dieselbe Größe haben. Also

$$R_d = \left(\dfrac{w_1}{w_2}\right)^2 \cdot R_g,$$

woraus

$$\dfrac{w_1}{w_2} = \sqrt{\dfrac{R_d}{R_g}} = \sqrt{\dfrac{5000}{10^6}} = \dfrac{1}{14}.$$

Der Primärwiderstand muß $5000\,\Omega$, der Sekundärwiderstand $10^6\,\Omega$ betragen, gemessen mit Wechselstrom von Tonfrequenz.

b) Der **Durchgangstransformator** empfängt seine Energie von der Anode der ersten Röhre und gibt sie an das Gitter der zweiten weiter. Für ihn ist

$$R_a = \left(\frac{w_3}{w_4}\right)^2 \cdot R_g$$

und

$$\frac{w_3}{w_4} = \sqrt{\frac{R_a}{R_g}} = \sqrt{\frac{40\,000}{10^6}} = \frac{1}{5}.$$

c) Der **Ausgangstransformator** soll Röhre und Hörer anpassen.

$$R_a = \left(\frac{w_5}{w_6}\right)^2 \cdot \Re_T,$$

$$\frac{w_5}{w_6} = \sqrt{\frac{R_a}{\Re_T}} = \sqrt{\frac{40\,000}{5000}} = \frac{2{,}83}{1}.$$

d) Die Spannung wird durch jeden Transformator im Verhältnis der Windungszahlen übertragen und durch jede Röhre $1/D$ mal verstärkt. Wegen der Widerstandsanpassung sinkt die Spannung auf die Hälfte an jedem Transformator. Die Endspannung ist also

$$u_e = u_g \cdot \frac{w_2}{w_1} \cdot \frac{w_4}{w_3} \cdot \frac{w_6}{w_5} \cdot \frac{1}{D} \cdot \frac{1}{D} \cdot \frac{1}{8},$$

$$u_e = u_g \cdot 14 \cdot 5 \cdot \frac{1}{2{,}83} \cdot \frac{1}{0{,}1^2} \cdot \frac{1}{8} = 310 \cdot u_g.$$

Die Spannung wird also theoretisch rund 300 mal verstärkt. Die Leistung auf der verstärkten Seite ist

$$N_e = \frac{u_e^2}{\Re_T} = 310^2 \frac{u_g^2}{\Re_T} = 96\,000 \frac{u_g^2}{\Re_T} = 96\,000\, N_1,$$

wo N_1 die Eingangsleistung bedeutet.

In Wirklichkeit ist sie viel geringer, da in den Transformatoren Verluste auftreten; setzt man den Wirkungsgrad eines Transformators mit $\eta = 0{,}5$ an, dann wird die Endleistung

$$N_e = \frac{1}{8} \cdot 96\,000\, N_1 = 12\,000\, N_1.$$

Dann wird der Verstärkungsgrad

$$W = \sqrt{12\,000} = 110.$$

63. a) Er ist als Eingangstransformator anzusehen. Sein Widerstand muß primär dem des Detektors, sekundär dem der Röhre zwischen Gitter und Kathode angepaßt sein.

b) Erfahrungsgemäß hat die Sekundärseite, die am Gitter liegt, eine Eigenkapazität von etwa 90 cm, was bei einer Welle von 600 m Länge einen Widerstand von

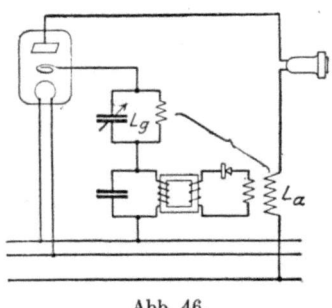

Abb. 46.

$$\Re_C = \frac{1}{\omega C} = \frac{9 \cdot 10^{11}}{2\pi \cdot 500000 \cdot 90} = 28600\ \Omega.$$

Verglichen mit dem Widerstand zwischen Gitter und Kathode $R_g \approx 10^6$ bis $10^7\ \Omega$ ist dies sehr wenig. Ein weiterer Kondensator erscheint daher nicht nötig. Er wäre auch deshalb nicht am Platze, weil der Transformator, der durch seine Eigenkapazität bereits auf etwa 1000 Hertz abgestimmt ist, dadurch verstimmt würde.

64. Aus dem kapazitiven Widerstand

$$\Re_C = \frac{1}{\omega C}$$

findet man

$$C = \frac{1}{\omega \Re_C} = \frac{\pi}{2\pi \cdot 1000 \cdot 100} \cdot 10^6 = 0{,}5\ \mu\mathrm{F}.$$

IV. Tabellen.

Tabelle 1. Spezifischer Widerstand ϱ, Temperaturkoeffizient α, Spezifisches Gewicht γ.

	ϱ	α	γ
Aluminium	0,03—0,05	0,0039	2,7 g/cm³
Blei	0,22	0041	11,3
Eisen	0,10—0,12	0045	7,8
Kupfer	0,018	37	8,9
Messing	0,07—0,08	15	8,1—8,6
Neusilber	0,15—0,36	02—04	8,5
Nickel	0,10	42	8,8
Quecksilber	0,95	09	13,6
Silber	0,016—0,018	34—40	10,5
Stahl	0,10—0,25	52	7,8
Zink	0,06	42	7,1
Bogenlampenkohle	60—80	—	—
Konstantan	0,50	0	8,8
Manganin	0,43	0	8,3
Nickelin	0,32—0,43	01—02	8,6

Tabelle 2.
Spezifischer Widerstand ϱ, Dielektrizitätskonstante ε, Durchschlagsspannung U von 1 mm starken Platten.

	ϱ	ε	U kV
Luft	∞	1,0	2,7
Hartgummi, neu	10^{18}	2,7	27
Petroleum	10^{18}	2	
Schwefel	10^{17}	4	
Bernstein	$5 \cdot 10^{16}$	2,8	
Paraffin	10^{16}	2,0	27
Paraffiniertes Papier		2	20
Schellack	10^{16}	3—3,7	
Rizinusöl	10^{15}	4,7	
Porzellan, unglasiert	$5 \cdot 10^{14}$	6	16
Glasplatten	$2 \cdot 10^{13}$	5—7	18
Glimmer	$2 \cdot 10^{12}$	6—8	60
Paraffiniertes Mahagoniholz	$4 \cdot 10^{12}$	2—8	
Zelluloid	$2 \cdot 10^{10}$	4	
Italienischer Marmor	10^{10}	8,3	
Vulkanfiber	$5 \cdot 10^{9}$		5
Schiefer	10^{8}		
Linoleum	10^{12}		
Preßspan	10^{11}		12
Paraffinöl		2—2,5	6—10

Mühlbrett, Funktechnische Aufgaben.

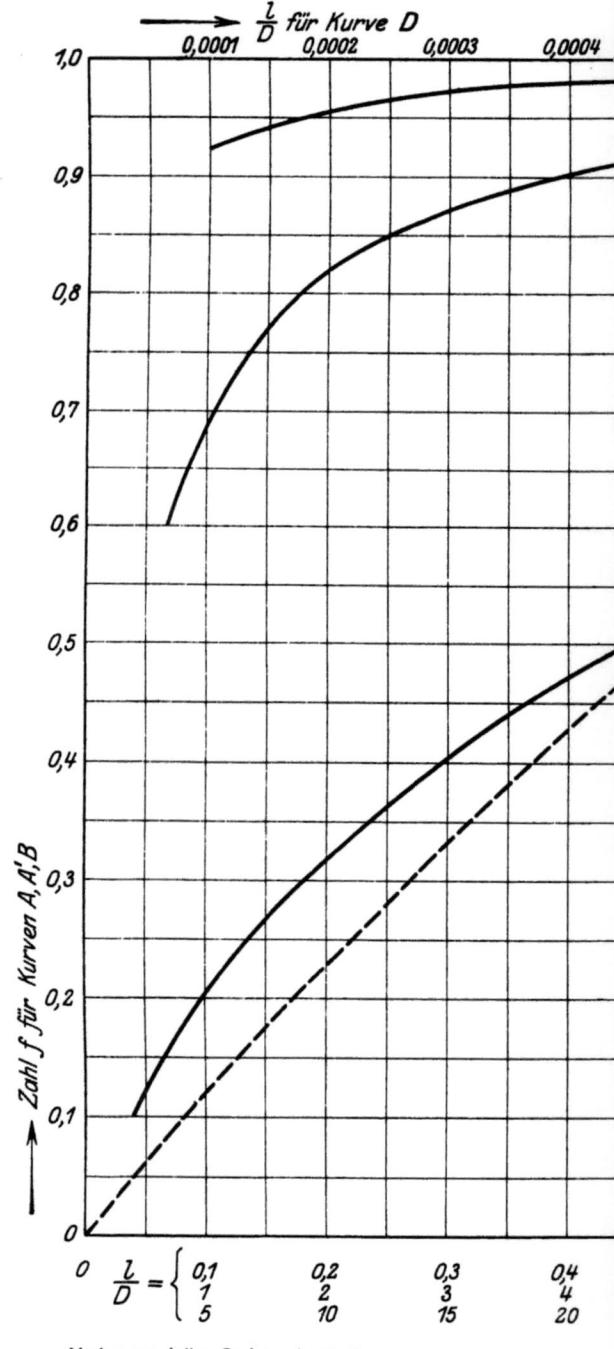

Verlag von Julius Springer in Berlin.

Tafel I.

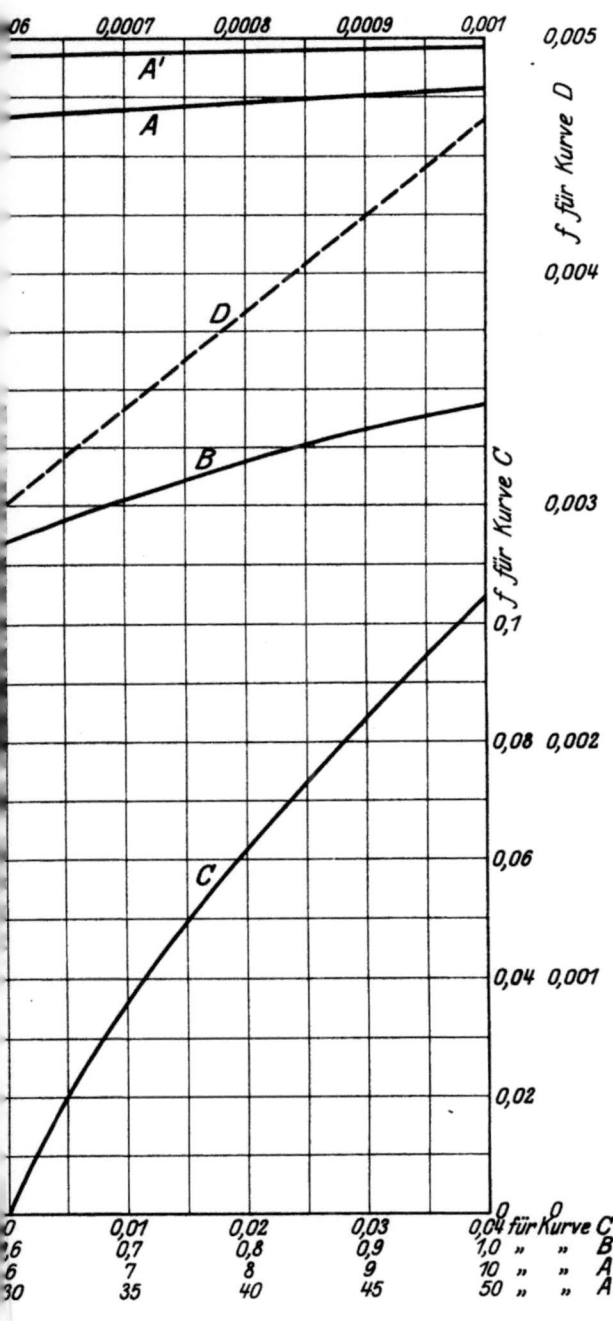

Verlag von Julius Springer in Berlin W 9

Bibliothek des Radio-Amateurs. Herausgegeben von Dr. **Eugen Nesper.**

1. Band: **Meßtechnik für Radio-Amateure.** Von Dr. **Eugen Nesper.** Dritte Auflage. Mit 48 Textabbildungen. (56 S.) 1925.
0.90 Goldmark

2. Band: **Die physikalischen Grundlagen der Radiotechnik** mit besonderer Berücksichtigung der Empfangseinrichtungen. Von Dr. **Wilhelm Spreen.** Dritte, verbesserte Auflage. Mit 121 Textabbildungen. Erscheint im Sommer 1925.

3. Band: **Schaltungsbuch für Radio-Amateure.** Von **Karl Treyse.** Neudruck der zweiten, vervollständigten Auflage. (19.—23. Tausend.) Mit 141 Textabbildungen. (64 S.) 1925. 1.20 Goldmark

4. Band: **Die Röhre und ihre Anwendung.** Von **Hellmuth C. Riepka,** zweiter Vorsitzender des Deutschen Radio-Clubs. Zweite, vermehrte Auflage. Mit 134 Textabbildungen. (111 S.) 1925.
1.80 Goldmark

5. Band: **Praktischer Rahmen-Empfang.** Von Ing. **Max Baumgart.** Zweite, vermehrte und verbesserte Auflage. Mit 51 Textabbildungen. (82 S.) 1925. 1.80 Goldmark

6. Band: **Stromquellen für den Röhrenempfang** (Batterien und Akkumulatoren). Von Dr. **Wilhelm Spreen.** Mit 61 Textabbildungen. (72 S.) 1924. 1.50 Goldmark

7. Band: **Wie baue ich einen einfachen Detektor-Empfänger?** Von Dr. **Eugen Nesper.** Mit 30 Abbildungen im Text und auf einer Tafel. Zweite Auflage. (61 S.) 1925. 1.25 Goldmark

8. Band: **Nomographische Tafeln** für den Gebrauch in der Radiotechnik. Von Dr. **Ludwig Bergmann.** Mit 47 Textabbildungen und zwei Tafeln. Zweite Auflage. Erscheint im Sommer 1925

9. Band: **Der Neutrodyne-Empfänger.** Von Dr. **Rosa Horsky.** Mit 57 Textabbildungen. (53 S.) 1925. 1.50 Goldmark

10. Band: **Wie lernt man morsen?** Von Studienrat **Julius Albrecht.** Mit 7 Textabbildungen. Zweite Auflage. 1.35 Goldmark

11. Band: **Der Niederfrequenz-Verstärker.** Von Ing. **O. Kappelmayer.** Mit 36 Textabbildungen. Zweite, vermehrte Auflage. In Vorbereitung.

12. Band: **Formeln und Tabellen** aus dem Gebiete der Funktechnik. Von Dr. **Wilhelm Spreen.** Mit 34 Textabbildungen. (76 S.) 1925.
1.65 Goldmark

13. Band: **Wie baue ich einen einfachen Röhrenempfänger?** Von **Karl Treyse.** Mit 28 Textabbildungen. (55 S.) 1925.
1.35 Goldmark

15. Band: **Innen-Antenne und Rahmen-Antenne.** Von Dipl.-Ing. **Friedrich Dietsche.** Mit 25 Textabbildungen. (65 S.) 1925.
1.35 Goldmark

16. Band: **Baumaterialien für Radio-Amateure.** Von **Felix Cremers.** Mit 10 Textabbildungen. (101 S.) 1925. 1.80 Goldmark

Verlag von Julius Springer in Berlin W 9

Bibliothek des Radio-Amateurs. Herausgegeben von Dr. **Eugen Nesper.**

In den nächsten Wochen werden erscheinen:

14. Band: **Die Telephoniesender.** Von Dr. **P. Lertes,** Frankfurt a. M.
17. Band: **Reflex-Empfänger.** Von cand. ing. radio **Paul Adorján.** Mit 52 Textabbildungen.
18. Band: **Fehlerbuch des Radio-Amateurs.** Von Ingenieur **Siegmund Strauß.** Mit etwa 70 Textabbildungen.
19. Band: **Rufzeichenliste für Radio-Amateure.** Von **Erwin Meißner.**
20. Band: **Lautsprecher.** Von Dr. **Eugen Nesper.** Mit etwa 50 Textabbildungen.
22. **Ladevorrichtungen und Regenerier-Einrichtungen der Betriebsbatterie für den Röhrenempfang.** Von Dipl.-Ing. **Friedrich Dietsche.** Mit etwa 50 Textabbildungen.
23. Band: **Kettenleiter und Sperrkreise.** Von **Carl Eichelberger.**
24. Band: **Der Hochfrequenzverstärker für kurze Wellen.** Von Dipl.-Ing. Dr. phil. **Arthur Hamm.** Mit etwa 106 Textabbildungen.
25. Band: **Die Hoch-Antenne.** Von Dipl.-Ing. **Friedrich Dietsche.**
26. Band: **Reinartz- (Leithäuser-) Schaltungen.** Das Bastelbuch des Anfängers und Fortgeschrittenen. Von Ing. **Walther Sohst.**

Lehrkurs für Radio-Amateure

Leichtverständliche Darstellung der drahtlosen Telegraphie und Telephonie unter besonderer Berücksichtigung der Röhrenempfänger

Von

H. C. Riepka

Mitglied des Hauptprüfungsausschusses des Deutschen Radio-Clubs e. V., Berlin

Mit 151 Textabbildungen. (159 S.) Gebunden 4.50 Goldmark

Radio-Technik für Amateure

Anleitungen und Anregungen für die Selbstherstellung von Radio-Apparaturen, ihren Einzelteilen und ihren Nebenapparaten

Von

Dr. **Ernst Kadisch**

Mit 216 Textabbildungen. (216 S.) 1925
Gebunden 5.10 Goldmark

Verlag von Julius Springer in Berlin W 9

Der Radio-Amateur
(Radio-Telephonie)
Ein Lehr- und
Hilfsbuch für die Radio-Amateure aller Länder

Von

Dr. **Eugen Nesper**

Sechste, vollständig umgearbeitete und erweiterte Auflage

Mit 955 Textabbildungen auf 887 Seiten

Gebunden 27 Goldmark

In kurzer Zeit sind fünf Auflagen des Nesperschen Buches vollkommen vergriffen gewesen. Der bekannte Verfasser hat jetzt das Gesamtgebiet völlig neu durchgearbeitet und damit wieder ein Buch geschaffen, das bis ins einzelne ein umfassendes Lehr- und Nachschlagewerk über das Radioamateurwesen, oder richtiger gesagt: die Radiotelephonie darstellt. Die neue Auflage geht auf alle Schaltungen, Apparateausführungen, Entwicklungen, Behelfe, Zubehörteile, Fehler, Erfahrungen usw. ein, die seit Betätigung der Radiotelephonie auch in Deutschland entstanden sind. Schaltungen, Tabellenmaterial, Einzelteile usw. sind stark vermehrt. Das Buch bietet für jeden Interessenten ein vollständiges Kompendium alles Wissenswerten auf dem Gebiete des Radioamateurwesens. Das umfangreiche Tabellen- und Herstellungsmaterial ermöglicht es dem ersten Anfänger wie dem routinierten Bastler, sich die für seinen Bedarf jeweils günstigen Apparate und Schaltungen herzustellen.

Grundversuche
mit Detektor und Röhre

Von

Dr. **Adolf Semiller**

Studienrat am Askanischen Gymnasium in Berlin

Mit 29 Textabbildungen

Erscheint im Juli 1925

Verlag von Julius Springer in Berlin W 9

Kalender der Deutschen Funkfreunde 1925

Bearbeitet im
Auftrage des Deutschen Funk-Kartells
von

Dr.-Ing. **Karl Mühlbrett** Ziviling. **Friedr. Schmidt**
Technische Staatslehranstalten,   Generalsekretär des Deutschen
Hamburg   Funk-Kartells, Hamburg

Mit einem Geleitwort von

Dr. H. G. Möller
Universitäts-Professor in Hamburg
Vorsitzender des Deutschen Funk-Kartells

Erster Jahrgang. (120 S.) Unveränderter Neudruck. 1925

Gebunden 2 Goldmark

Verlag von Julius Springer und M. Krayn in Berlin W 9

Der Radio-Amateur

Zeitschrift für Freunde der drahtlosen Telephonie
und Telegraphie

Organ des Deutschen Radio-Clubs

Unter ständiger Mitarbeit von
Dr. **Walther Burstyn**-Berlin, Dr. **Peter Lertes**-Frankfurt a. M., Dr. **Siegmund Loewe**-Berlin und Dr. **Georg Seibt**-Berlin u. a. m.

Herausgegeben von
Dr. **Eugen Nesper**-Berlin und Dr. **Paul Gehne**-Berlin

Erscheint wöchentlich
mit Wochenprogramm sämtlicher deutscher Rundfunksender

Vierteljährlich 5 Goldmark zuzüglich Porto

(Die Auslieferung erfolgt vom Verlag Julius Springer in Berlin W 9).

Verlag von Julius Springer in Berlin W 9

Radio-Schnelltelegraphie. Von Dr. **Eugen Nesper.** Mit 108 Abbildungen. (132 S.) 1922. 4.50 Goldmark

Radiotelegraphisches Praktikum. Von Dr.-Ing. **H. Rein.** Dritte, umgearbeitete und vermehrte Auflage. Von Prof. Dr. **K. Wirtz,** Darmstadt. Mit 432 Textabbildungen und 7 Tafeln. (577 S.) 1921. Berichtigter Neudruck. 1922. Gebunden 20 Goldmark

Elementares Handbuch über drahtlose Vakuum-Röhren. Von **John Scott Taggart,** Mitglied des Physikalischen Institutes London. Ins Deutsche übersetzt nach der vierten, durchgesehenen englischen Auflage von Dipl.-Ing. Dr. **Eugen Nesper** und Dr. **Siegmund Loewe.** Mit etwa 140 Abbildungen im Text. Erscheint im Sommer 1925.

Hochfrequenzmeßtechnik. Ihre wissenschaftlichen und praktischen Grundlagen. Von Dr.-Ing. **August Hund,** Beratender Ingenieur. Mit 150 Textabbildungen. (340 S.) 1922. Gebunden 11 Goldmark

Die Grundlagen der Hochfrequenztechnik. Von Dr.-Ing. **Franz Ollendorff.** Eine Einführung in die Theorie. Mit etwa 342 Abbildungen im Text. Erscheint im Sommer 1925.

Englisch-Deutsches und Deutsch-Englisches Wörterbuch der Elektrischen Nachrichtentechnik. Von **O. Sattelberg,** im Telegraphentechnischen Reichsamt Berlin.
Erster Teil: **Englisch-Deutsch.** (292 S.) 1925.
Gebunden 9 Goldmark

Der Fernsprechverkehr als Massenerscheinung mit starken Schwankungen. Von Dr. **G. Rückle** und Dr.-Ing. **F. Lubberger.** Mit 19 Abbildungen im Text und auf einer Tafel. (155 S.) 1924.
11 Goldmark; gebunden 12 Goldmark

Telephon- und Signal-Anlagen. Ein praktischer Leitfaden für die Errichtung elektrischer Fernmelde- (Schwachstrom-) Anlagen. Herausgegeben von Oberingenieur **Carl Beckmann,** Berlin-Schöneberg. Bearbeitet nach den Leitsätzen für die Errichtung elektrischer Fernmelde- (Schwachstrom-) Anlagen der Kommission des Verbandes deutscher Elektrotechniker und des Verbandes elektrotechnischer Installationsfirmen in Deutschland. Dritte, verbesserte Auflage. Mit 418 Abbildungen und Schaltungen und einer Zusammenstellung der gesetzlichen Bestimmungen für Fernmeldeanlagen. (334 S.) 1923.
Gebunden 7.50 Goldmark

Verlag von Julius Springer in Berlin W 9

Die wissenschaftlichen Grundlagen der Elektrotechnik. Von Prof. Dr. **Gustav Benischke.** Sechste, vermehrte Auflage. Mit 633 Abbildungen im Text. (698 S.) 1922. Gebunden 18 Goldmark

---

Kurzes Lehrbuch der Elektrotechnik. Von Prof. Dr. **Adolf Thomälen,** Karlsruhe. Neunte, verbesserte Auflage. Mit 555 Textbildern. (404 S.) 1922. Gebunden 9 Goldmark

---

Aufgaben aus der Maschinenkunde und Elektrotechnik. Eine Sammlung für Nichtspezialisten nebst ausführlichen Lösungen. Von Ingenieur Prof. **Fritz Süchting,** Clausthal. Mit 88 Textabbildungen. (251 S.) 1924. 6.60 Goldmark; gebunden 7.50 Goldmark

---

Kurzer Leitfaden der Elektrotechnik für Unterricht und Praxis in allgemeinverständlicher Darstellung. Von Ingenieur **Rudolf Krause.** Vierte, verbesserte Auflage, herausgegeben von Prof. **H. Vieweger.** Mit 375 Textfiguren. (278 S.) 1920. Gebunden 6 Goldmark

---

Der Drehstrommotor. Ein Handbuch für Studium und Praxis. Von Prof. **Julius Heubach,** Direktor der Elektromotorenwerke Heidenau, G. m. b. H. Zweite, verbesserte Auflage. Mit 222 Abbildungen. (601 S.) 1923. Gebunden 20 Goldmark

---

Grundzüge der Starkstromtechnik. Für Unterricht und Praxis. Von Dr.-Ing. **K. Hoerner.** Mit 319 Textabbildungen und zahlreichen Beispielen. (262 S.) 1923. 4 Goldmark; gebunden 5 Goldmark

---

Technisches Denken und Schaffen. Eine gemeinverständliche Einführung in die Technik. Von Prof. Dipl.-Ing. **G. v. Hanffstengel,** Charlottenburg. Dritte, durchgesehene Auflage. (9.—16. Tausend.) Mit 153 Textabbildungen. (224 S.) 1922. Gebunden 4 Goldmark

---

Lebendige Kräfte. Sieben Vorträge aus dem Gebiete der Technik von **Max Eyth.** Vierte Auflage. Mit in den Text gedruckten Abbildungen. (268 S.) 1924. Gebunden 4.80 Goldmark

MIX
Papier aus verantwortungsvollen Quellen
Paper from responsible sources
FSC® C105338

If you have any concerns about our products,
you can contact us on
ProductSafety@springernature.com

In case Publisher is established outside the EU,
the EU authorized representative is:
**Springer Nature Customer Service Center GmbH
Europaplatz 3, 69115 Heidelberg, Germany**

Printed by Libri Plureos GmbH
in Hamburg, Germany